全国高职高专工业机器人领域人才培养"十三五"规划教材

U0756189

工业机器人操作与编程

主　编　卢青波　张　涛

副主编　冯少华　张　慧　严　峻　李锡正

华中科技大学出版社

中国·武汉

内 容 简 介

　　本书以华数工业机器人为主要研究对象,首先从认知角度对华数Ⅱ型工业机器人的基本应用能力进行了内容构建,然后从应用角度进行设计,介绍了华数Ⅱ型工业机器人在码垛、弧焊、协同及智能制造系统中的应用。

　　本书既可作为中高职院校及技校机电一体化、自动化技术、机械制造专业的教材,也可以作为工业机器人培训教材,还可作为从事工业机器人技术研究、开发工作的工程技术人员的参考书。

图书在版编目(CIP)数据

　　工业机器人操作与编程/卢青波,张涛主编.—武汉:华中科技大学出版社,2019.8(2025.2重印)
　　全国高职高专工业机器人领域人才培养"十三五"规划教材
　　ISBN 978-7-5680-5556-7

　　Ⅰ.①工…　　Ⅱ.①卢…　②张…　　Ⅲ.①工业机器人-操作-高等职业教育-教材 ②工业机器人-程序设计-高等职业教育-教材　　Ⅳ.①TP242.2

　　中国版本图书馆 CIP 数据核字(2019)第 181097 号

工业机器人操作与编程　　　　　　　　　　　　　　　　　卢青波　张　涛　主编
Gongye Jiqiren Caozuo yu Biancheng

策划编辑:汪　富
责任编辑:罗　雪
封面设计:原色设计
责任监印:周治超
出版发行:华中科技大学出版社(中国·武汉)　　　电话:(027)81321913
　　　　　武汉市东湖新技术开发区华工科技园　　　邮编:430223
录　　排:武汉三月禾文化传播有限公司
印　　刷:武汉邮科印务有限公司
开　　本:787mm×1092mm　1/16
印　　张:8
字　　数:205 千字
版　　次:2025 年 2 月第 1 版第 3 次印刷
定　　价:30.00 元

前　言

工业机器人已成为智能制造领域不可或缺的机电一体化产品。"中国制造 2025"、德国"工业 4.0"、日本"机器人新战略"等，均将机器人产业作为发展的重点，试图通过数字化、网络化、智能化夺回制造业优势。随着机械技术、电子技术、控制理论的飞速发展，工业机器人已在国民经济的各个领域得到了广泛应用。因此，工业机器人技术已经成为广大工程技术人员迫切需要掌握的一门技术，"工业机器人"课程也是中职和高职机电一体化、自动化、机械制造等专业的必修课程。

华中数控先后整合自身资源或与其他单位合作，成立了深圳华数机器人有限公司、重庆华数机器人有限公司、泉州华数机器人有限公司、佛山华数机器人有限公司、武汉机器人事业部，全面实施了 PLC 战略规划。这些单位已经研发出 4 个系列 27 种规格的工业机器人整机产品；完成了包括冲压、注塑、机加、焊接、喷涂、打磨、抛光等几十条自动化生产线；开发了机器人控制器、示教器、伺服驱动、伺服电动机等近 10 种规格的机器人核心基础零部件；并且已经形成了工业机器人批量销售。华数工业机器人的操作与编程大多数只依赖于产品的使用手册，缺乏系统的理论及实践指导。随着华数工业机器人的大量应用，编写华数工业机器人的操作与编程教程，具有很强的实践意义。

本书结合当前应用最多的华数Ⅱ型工业机器人，设计了 6 个典型的项目，兼顾了初学者和应用者的需求。项目一介绍了工业机器人的基本概念，华数Ⅱ型工业机器人的基本组成及各系统的功能、典型应用等相关知识。项目二介绍了华数Ⅱ型工业机器人程序的创建及设计，并通过搬运程序设计实例的主要内容、基本流程和注意事项，加深大家对工业机器人程序结构逻辑的认知。项目三介绍了工具坐标系和工件坐标系的标定方法，目标点快速准确的示教技巧，以及子程序的调用和循环指令、选择指令、坐标系切换指令等的使用方法等。项目四介绍了弧焊相关基础知识和华数Ⅱ型工业机器人弧焊操作与编程的方法。项目五介绍了常用的总线通信技术及华数Ⅱ型工业机器人的 IPC 及通信技术，以两台工业机器人间的协同作业模拟生产线工作组装和输送过程。项目六介绍了智能制造、数字化工厂、大数据技术及物联网技术的基本概念以及华数Ⅱ型工业机器人在智能制造技能大赛平台中的应用。

本书编写分工如下：项目一由安徽机电职业技术学院张涛老师编写，项目二由宁夏职业技术学院张慧老师编写，项目三由鄂州职业大学严峻老师编写，项目四由武汉城市职业学院冯少华老师编写，项目五、项目六由郑州职业技术学院卢青波老师编写。全书由卢青波老师统稿和定稿。同时，在本书编写过程中，重庆水利电力职业技术学院李锡正老师做了相关资料的整理工作。

本书在编写过程中，得到了武汉华中数控股份有限公司、重庆华数机器人有限公司的鼎力支持，在此表示感谢。另外，本书还参阅了国内外有关机器人、数控技术、智能制造方面的教材和文献等资料，在此对各位作者一并表示感谢。

由于编者水平有限，书中难免存在不足之处，敬请读者批评指正。

编　者

2019 年 6 月

目　　录

项目一　华数Ⅱ型工业机器人基本认知

随着电子技术、计算机技术的飞速发展,工业机器人的应用已经广泛渗透到社会的各个领域。当前,世界各国都在积极发展新科技生产力,在未来 10 年,全球工业机器人行业将进入一个前所未有的高速发展期。曾有专家预言:研究和开发新一代工业机器人将成为今后科技发展的新重点,而且工业机器人产业不论在规模上还是资本上都将大大超过今天的计算机产业。因此,全面了解工业机器人知识,具备娴熟的工业机器人操作技能,也成为衡量 21 世纪高素质人才的基本标准之一。

本项目重点介绍工业机器人的基本概念、各组成系统的功能,以及华数Ⅱ型工业机器人各系统组成与特点、华数Ⅱ型工业机器人的示教操作。

知识目标

(1) 了解工业机器人的概念及特点。

(2) 了解华数Ⅱ型工业机器人的组成与应用。

(3) 掌握华数Ⅱ型工业机器人示教器的面板按键和操作界面。

(4) 掌握手动单轴运行华数Ⅱ型工业机器人的方法。

(5) 掌握华数Ⅱ型工业机器人的校准方法。

(6) 掌握华数Ⅱ型工业机器人回参考点的操作方法。

能力目标

(1) 认识华数Ⅱ型工业机器人各个组成部分的作用。

(2) 能规范完成华数Ⅱ型工业机器人示教器的启动和关闭操作。

(3) 能手动单轴运行华数Ⅱ型工业机器人。

(4) 能实现华数Ⅱ型工业机器人的校准。

(5) 能独立完成华数Ⅱ型工业机器人回参考点的操作。

情感目标

(1) 培养学生对工业机器人操作的兴趣。

(2) 培养学生严谨、细致、协作的工作态度,培养学生的小组合作精神和科学创新精神。

任务一　认识华数Ⅱ型工业机器人

任务说明

本任务主要简述工业机器人的定义和特点,介绍华数Ⅱ型工业机器人系统的主要组成部件、性能等相关知识。

任务知识

一、工业机器人的定义和特点

工业机器人虽是技术上最成熟、应用最广泛的机器人，但对其具体的定义，科学界尚未形成统一，目前公认的是国际标准化组织（ISO）的定义。

国际标准化组织（ISO）的定义为：工业机器人是一种能自动控制、可重复编程、多功能、多自由度的操作机，能够搬运材料、工件或者操持工具来完成各种作业。

工业机器人最显著的特点如下。

（1）拟人化：在机械结构上类似于人的手臂或者其他组织结构。

（2）通用性：可执行不同的作业任务，动作程序可按需求改变。

（3）独立性：完整的工业机器人系统在工作中可以不依赖于人的干预。

（4）智能性：具有不同程度的智能功能，如感知系统等，提高了工业机器人对周围环境的自适应能力。

二、工业机器人的分类

关于工业机器人的分类，国际上没有制定统一的标准。下面依据几个有代表性的分类方法列举工业机器人的分类。

1. 按工业机器人结构坐标系特点分类

按结构坐标系特点，工业机器人可分为直角坐标型机器人（见图 1-1）、圆柱坐标型机器人（见图 1-2）、极坐标型（球坐标型）机器人（见图 1-3）、多关节坐标型机器人（见图 1-4）四类。

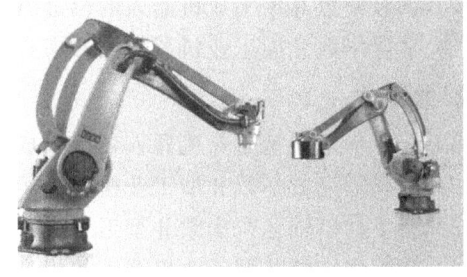

图 1-1　直角坐标型机器人　　　　　　　图 1-2　圆柱坐标型机器人

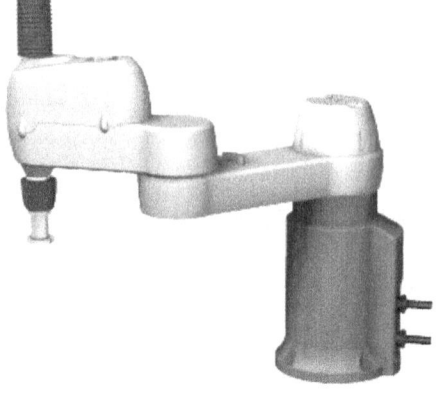
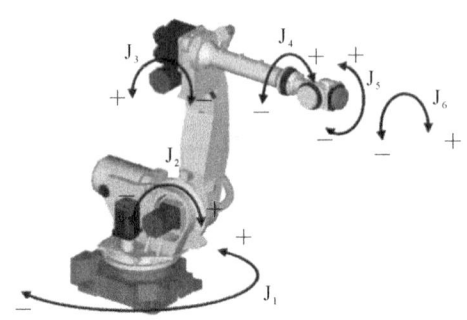

图 1-3　极坐标型（球坐标型）机器人　　　图 1-4　多关节坐标型机器人

2. 按工业机器人执行机构的控制方式分类

（1）点位控制型机器人：控制时只要求工业机器人快速准确地实现相邻各点之间的运动，而对达到目标点的运动轨迹不做任何规定。

（2）连续轨迹控制型机器人：控制时要求工业机器人严格按照预定的轨迹和速度在一定的精度范围内运动，并且速度可控，轨迹光滑，运动平稳。

（3）力（力矩）控制型机器人：在完成装配、抓放物体等工作时，除要准确定位之外，还要求工业机器人使用适度的力或力矩。

（4）智能控制型机器人：机器人的智能控制是通过传感器获得周围环境的信息，并根据自身内部的知识库做出相应的决策的控制方式。

3. 按工业机器人程序输入方式分类

按程序输入方式，工业机器人可分为离线输入型和示教再现型两类。

（1）离线输入型工业机器人是将计算机上已编好的作业程序文件，通过 RS-232 串口或者以太网等通信工具传送到控制系统的工业机器人。

（2）示教再现型工业机器人是一种可重复再现通过示教编程存储起来的作业程序的机器人。示教方式有两种：一种是由操作者手动操作示教器将指令信号传给驱动系统，使执行机构按要求的动作顺序和运动轨迹操演一遍；另一种是由操作者直接移动执行机构，使执行机构按要求的动作顺序和运动轨迹操演一遍。

4. 按工业机器人用途分类

按用途，工业机器人可分为装配机器人、焊接机器人、搬运机器人、喷涂机器人、码垛机器人、涂胶机器人等，如图 1-5 至图 1-10 所示。

图 1-5 装配机器人

图 1-6 焊接机器人

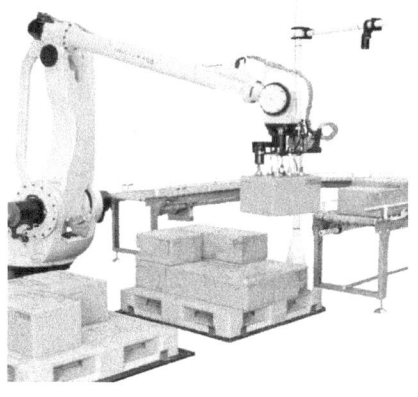

图 1-7 搬运机器人

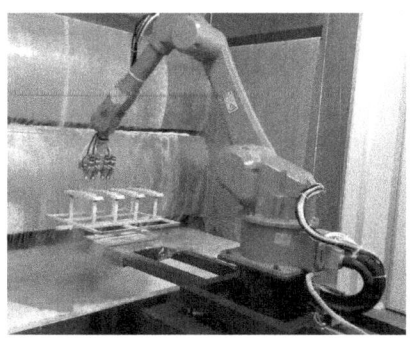

图 1-8 喷涂机器人

图 1-9　码垛机器人

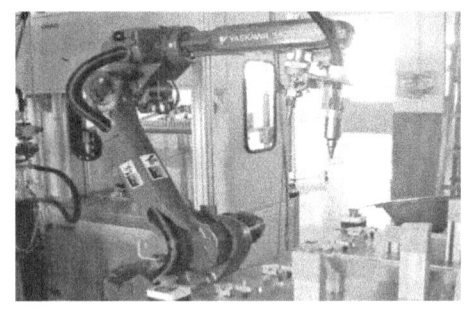

图 1-10　涂胶机器人

三、工业机器人的主要技术参数

选用工业机器人前,首先要了解工业机器人的主要技术参数,然后根据生产和工艺的实际要求,通过技术参数来选择工业机器人的机械结构、坐标形式和传动装置等。

工业机器人的技术参数反映其适用范围和工作性能,主要包括自由度、额定负载、工作空间、工作精度。其他技术参数还有工作速度、控制方式、驱动方式、安装方式、动力源容量、本体质量、环境参数等。

1. 自由度

自由度是指描述物体运动所需要的独立坐标数。

空间直角坐标系又称笛卡儿直角坐标系,它以空间一点 O 为原点,建立三条两两相互垂直的数轴,即 X 轴、Y 轴和 Z 轴,且三个轴的正方向符合右手定则,如图 1-11 所示,即右手大拇指指向 X 轴正方向,食指指向 Y 轴正方向,中指指向 Z 轴正方向。

在三维空间中描述一个物体的位姿(即位置和姿态)需要 6 个自由度,如图 1-12 所示。

沿空间直角坐标系 $O\text{-}XYZ$ 的 X、Y、Z 三个轴的平移运动 T_X、T_Y、T_Z;绕空间直角坐标系 $O\text{-}XYZ$ 的 X、Y、Z 三个轴的旋转运动 R_X、R_Y、R_Z。

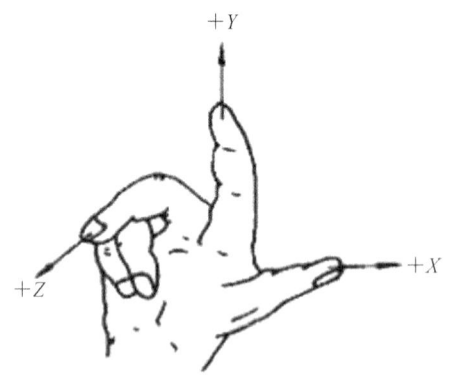

图 1-11　右手定则

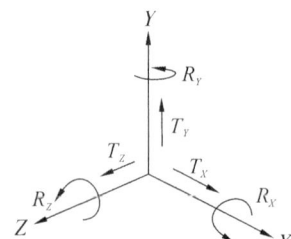

图 1-12　空间物体的自由度

工业机器人的自由度是指工业机器人相对坐标系能够进行独立运动的数目,不包括末端执行器的动作。

工业机器人的自由度反映工业机器人动作的灵活性,自由度越大,工业机器人就越能接近人手的动作机能,通用性越好;但是自由度越大,工业机器人结构就越复杂,对工业机器人的整体要求就越高。因此,工业机器人的自由度是根据其用途设计的。

采用空间开链连杆机构的工业机器人,因每个关节运动副仅有一个自由度,所以它的自由度数就等于它的关节数。

2.额定负载

额定负载也称有效负荷,是指正常作业条件下,工业机器人在规定性能范围内,手腕末端所能承受的最大载荷,用质量表征。

目前使用的工业机器人负载范围较大,一般为 0.5~2300 kg。

3.工作空间

工作空间又称工作范围、工作行程,是指工业机器人作业时,手腕参考中心(即手腕旋转中心)所能到达的空间区域,不包括手部本身所能达到的区域,如图 1-13 所示。

工作空间的形状和大小反映了工业机器人工作能力的大小,它不仅与工业机器人各连杆的尺寸有关,还与工业机器人的总体结构有关。工业机器人在作业时可能会因存在手部不能到达的作业"死区"而不能完成规定任务。

由于末端执行器的形状和尺寸是多种多样的,为真实反映工业机器人的特征参数,工作空间一般是指不安装末端执行器时,工业机器人手部可以到达的区域。

注意:在装上末端执行器后,需要同时保证工具姿态,实际的可达空间会和生产商给出的有差距,因此需要通过比例作图或模型核算,来判断是否满足实际需求。

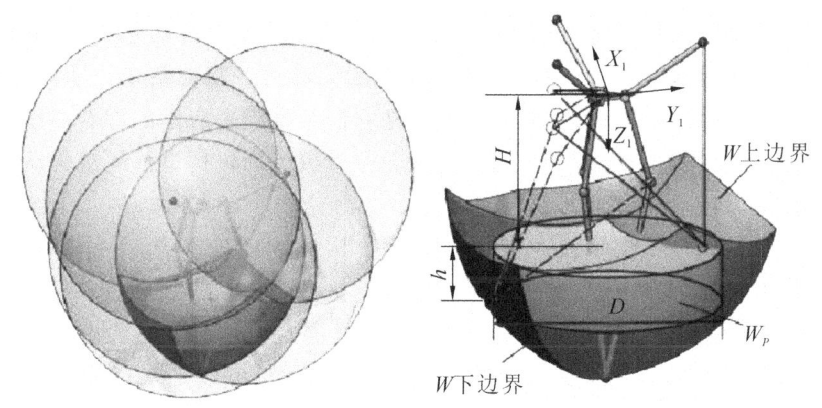

图 1-13　工业机器人的工作空间

4.工作精度

工业机器人的工作精度包括定位精度和重复定位精度。

定位精度又称绝对精度,是指工业机器人的末端执行器实际到达位置与目标位置之间的偏差。

重复定位精度简称重复精度,是指在相同的运动位置命令下,工业机器人重复定位其末端执行器于同一目标位置的能力,以实际位置值的分散程度来表示。

实际上工业机器人重复执行某位置给定指令时,它每次走过的距离并不相同,都是在一平均值附近变化,该平均值代表绝对精度,变化的幅值代表重复精度。工业机器人具有绝对精度低、重复精度高的特点。

四、华数Ⅱ型工业机器人的基本组成

华数Ⅱ型工业机器人由三大部分六个子系统组成。三大部分是机械部分、传感部分、控制部分。六个子系统是驱动系统、机械结构系统、感受系统、机器人-环境交互系统、人机交互系统和控制系统。如图 1-14 所示,华数 Ⅱ 型工业机器人主要包括机器人本体、电气控制柜、HSpad 示教器。机器人控制器一般安装于电气控制柜内部,控制机器人的伺服驱动器、输入输出等主要执行设备;HSpad 示教器一般通过电缆连接到电气控制柜上,作为上位机通过以太网与控制器进行通信。

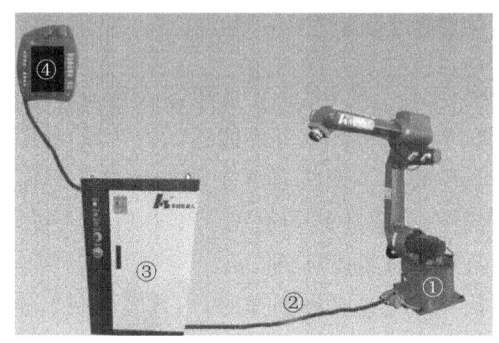

图 1-14　华数 Ⅱ 型工业机器人
① 机器人本体;② 连接电缆;③ 电气控制柜;④ HSpad 示教器

1. 驱动系统

要使工业机器人运行起来,需给各个关节安装传感装置和传动系统,也就是驱动系统。它的作用是提供工业机器人各部位、各关节动作的原动力。驱动系统传动部分可以是液压传动系统、电动传动系统、气动传动系统,或者把它们结合起来应用的综合系统;也可以是直接驱动或者是通过同步带、链条、轮系、谐波齿轮等机械传动机构进行间接驱动。

2. 机械结构系统

工业机器人的机械结构系统主要由四大部分构成:底座、机身、手臂和手部,如图 1-15 所示。每部分都有若干自由度,构成多个自由度的机械系统。若底座具备行走机构,则为行走机器人;若底座不具备行走及腰转机构,则为单机器人臂。手臂一般由大臂、小臂和手腕组成。末端操作器是直接装在手腕上的一个重要部件,它可以是二指或多手指的手爪(手部),也可以是喷漆枪、焊具等作业工具。

图 1-15　工业机器人的机械结构系统

3.感受系统

感受系统由内部传感器模块和外部传感器模块组成,用于获取工业机器人内部和外部环境状态中有意义的信息。智能传感器提高了工业机器人的机动性、适应性和智能化水平。人类的感受系统感知外部世界信息是十分敏锐的。然而,对于一些特殊的信息,传感器比人类的感受系统更有效。

4.机器人-环境交互系统

机器人-环境交互系统是实现工业机器人与外部环境中的设备相互联系和协调的系统。工业机器人可与外部设备集成为一个功能单元,如加工制造单元、焊接单元、装配单元等。当然,多台机器人、多台机床或设备、多个零件存储装置等也可以集成为一个能执行复杂任务的功能单元。

5.人机交互系统

人机交互系统是使操作人员参与工业机器人控制并与工业机器人进行联系的装置,例如计算机的标准终端、指令控制台、信息显示板、危险信号报警器、示教盒等。该系统可分为两大部分:指令给定装置和信息显示装置。

6.控制系统

控制系统的任务是根据工业机器人的作业指令程序以及从传感器反馈回来的信号支配执行机构去完成规定的运动和功能。若工业机器人不具备信息反馈特征,则为开环控制系统;若工业机器人具备信息反馈特征,则为闭环控制系统。根据控制原理,控制系统可分为程序控制系统、适应性控制系统和人工智能控制系统三类。根据控制运动的形式,控制系统可分为点位控制系统和轨迹控制系统两类。

五、华数系列工业机器人简介

1.JR 系列工业机器人

JR 系列工业机器人结构紧凑,运动速度快,具有较高的重复定位精度和轨迹跟踪精度,系统提供友好的人机对话窗口,操作界面简洁直观,能够实现高性能的动作控制和时序控制。JR 系列工业机器人广泛运用于微光切制、机床上下料、打磨等作业。图 1-16 所示为 JR 系列工业机器人。

2.BR6 系列工业机器人

BR6 系列工业机器人常用于空间狭小、节拍要求高和性价比要求很高的场合,尤其适用于装配、高速搬运、快速冲压、密集排布钻工中心等的上下料、配置 3D 视觉分拣等,是一种新型结构机器人,性价比非常高,如图 1-17 所示。

图 1-16　JR 系列工业机器人　　　　　图 1-17　BR6 系列工业机器人

3. HC 系列工业机器人

HC 系列工业机器人采用自主研发的控制系统,可靠性高、稳定性高;运动响应时间短、反应灵敏;速度快、重复定位精度高;性价比高;完全满足冲压、搬运等作业的高要求;配置新版示教器,操作简单、方便。

4. SCARA 系列工业机器人

SCARA 系列工业机器人具有高速度、高性能、高精度和低价格的优势,臂长 600 mm、负载能力达 6 kg,可广泛用于电子产品工业、药品工业和食品工业等领域。

任务二　手动操作华数Ⅱ型工业机器人

任务说明

本任务主要介绍华数Ⅱ型工业机器人示教器控制面板上的按键功能和系统操作界面,介绍华数Ⅱ型工业机器人的手动操作,包括手动单轴移动、手动倍率修调、校准、回参考点操作等。

任务知识

一、HSpad 示教器

华数 HSpad 示教器是用于华数工业机器人的手持编程器,具有使用华数工业机器人所需的各种操作和显示功能。华数 HSpad 示教器通常以"HSpad"简称。其外形如图 1-18 所示。

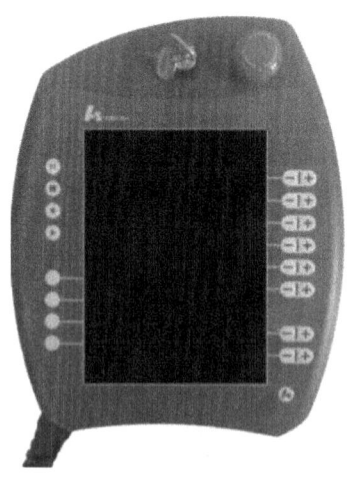

图 1-18　HSpad 示教器外形

华数 HSpad 示教器面板前部共有 11 类按键,如图 1-19 所示,各类按键功能如表 1-1 所示。

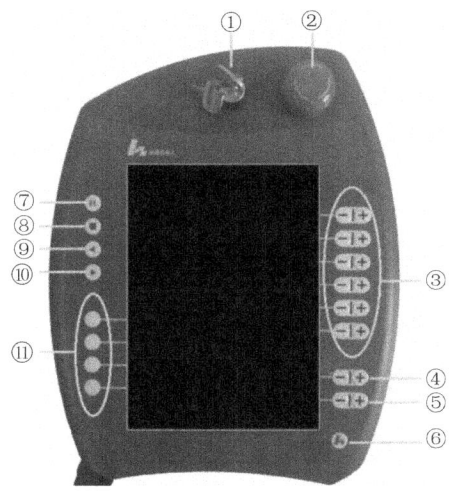

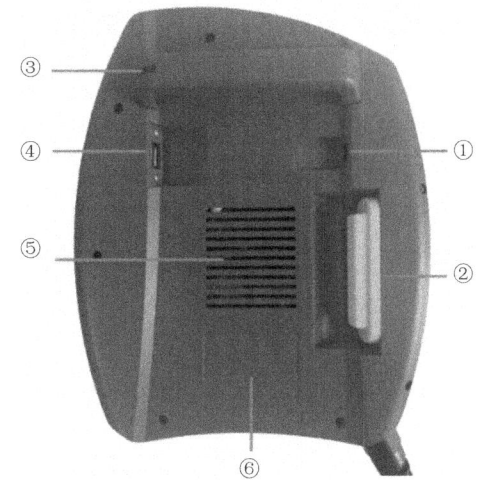

图 1-19　华数 HSpad 示教器前部　　　　图 1-20　华数 HSpad 示教器背部

表 1-1　华数 HSpad 示教器前部按键功能

按键序号	按键功能
①	用于调出连接控制器的钥匙开关。只有插入了钥匙后,状态才可以转换。可以通过连接控制器切换运行模式
②	紧急停止。用于在危险情况下使工业机器人停机
③	点动运行。用于手动移动工业机器人
④	用于设定程序调节量的按键。自动运行倍率调节
⑤	用于设定手动调节量的按键。手动运行倍率调节
⑥	菜单。可进行菜单和文件导航器之间的切换
⑦	暂停。暂停正在运行的程序
⑧	停止。可停止正在运行的程序
⑨	预留
⑩	开始运行。在加载程序成功时,点击该按键后开始运行
⑪	辅助按键

华数 HSpad 示教器背部如图 1-20 所示,各处功能如表 1-2 所示。

表 1-2　华数 HSpad 示教器背部各处功能

序号	功能
①	调试接口
②	三段式安全开关。安全开关有 3 种位置:未按下;中间位置;完全按下。在采用手动 T1 或手动 T2 运行模式时,必须确认开关保持在中间位置,方可使工业机器人运动。在采用自动运行模式时,安全开关不起作用
③	HSpad 触摸屏手写笔插槽
④	USB 接口。USB 接口用于存档、还原等操作
⑤	散热口
⑥	HSpad 型号标签粘贴处

二、HSpad 示教器操作界面简介

HSpad 示教器本身无电源开机键,其开机与控制器同步,电气控制柜上电后,需等待控制器和示教器网络连接成功,操作者方可控制工业机器人运动。

1. 基本操作界面

开机和连接正常后,基本操作界面如图 1-21 所示,共有 10 类图标,各类图标具体含义如表 1-3 所示。每点击一个图标会弹出对应的设置窗口。

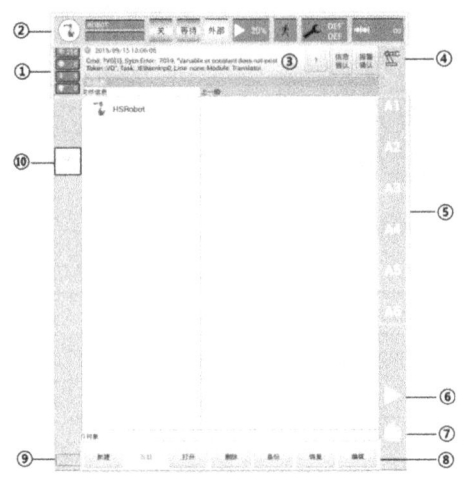

图 1-21　HSpad 示教器基本操作界面

表 1-3　华数 HSpad 示教器基本操作界面简介

图标序号	功能
①	信息提示计数器。提示每种信息各有多少条等待处理,触摸可放大显示
②	状态栏
③	信息窗口。根据默认设置将只显示最后一个信息提示。触摸信息窗口可显示信息列表,列表中会显示所有待处理的信息。可以被确认的信息可用确认键确认。"信息确认"按键可确认除错误信息以外的所有信息,"报警确认"按键可确认所有错误信息。"?"按键可显示当前信息的详细情况
④	坐标系状态。触摸该图标就可以显示所有坐标系,并进行选择
⑤	点动运行指示。如果选择了与轴相关的运行,这里将显示轴号(A1、A2 等)。如果选择了笛卡儿式运行,这里将显示坐标系的方向(X、Y、Z、A、B、C)。触摸图标会显示运动系统组选择窗口。选择组后,将显示相应组中所对应的名称
⑥	自动倍率修调图标
⑦	手动倍率修调图标
⑧	操作菜单栏。用于程序文件的相关操作
⑨	网络状态。红色表示网络连接错误;黄色表示网络连接成功,但初始化控制器未完成,无法控制机器人运动;绿色表示网络初始化成功,HSpad 正常连接控制器
⑩	时钟。可显示系统时间

2. 状态栏

界面最上方的状态栏显示工业机器人设置的当前状态,其各图标如图 1-22 所示,其功能说明如表 1-4 所示。多数情况下点击状态栏中的一个图标就会打开一个设置窗口(或对话框),可更改设置。

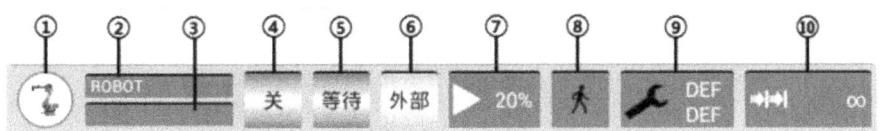

图 1-22　华数 HSpad 示教器状态栏

表 1-4　华数 HSpad 示教器状态栏简介

图标序号	功能
①	菜单。功能同菜单按键功能
②	工业机器人名。显示当前工业机器人的名称
③	加载程序名称。在加载程序之后,会显示当前加载的程序名
④	使能状态。绿色并且显示"开",表示当前使能打开。红色并且显示"关",表示当前使能关闭。点击可打开使能设置窗口,在自动模式下点击"开/关"可设置使能开关状态。窗口中可显示安全开关的按下状态
⑤	程序运行状态。自动运行时,显示当前程序的运行状态
⑥	模式状态显示。模式可以通过钥匙开关设置;模式可设置为手动 T1、手动 T2、自动、外部
⑦	倍率修调显示。切换模式时会显示当前模式的倍率修调值。触摸该图标可打开设置窗口,可通过加/减按键以 1% 步距进行加/减设置,也可通过左右拖动滑块设置
⑧	程序运行模式状态。在自动模式下只能是连续运行,手动 T1 和手动 T2 模式下可设置为单步或连续运行。触摸该图标可打开设置窗口,在手动 T1 和手动 T2 模式下可点击"连续/单步"按键进行运行模式切换
⑨	激活基坐标/工具显示。触摸该图标可打开窗口,点击"工具"和"基坐标"选择相应的工具坐标系和基坐标系进行设置
⑩	增量模式显示。在手动 T1 或者手动 T2 模式下触摸该图标可打开窗口,点击相应的选项设置增量模式

3. 运行模式的切换

华数Ⅱ型工业机器人共有四种运行模式,即手动 T1、手动 T2、自动、外部,如图 1-23 所示。

图 1-23　华数Ⅱ型工业机器人运行模式

状态切换之前要确保钥匙已插入,各运行模式说明如表 1-5 所示。

表 1-5　华数 Ⅱ 型工业机器人运行模式说明

运行模式	应 用	速 度
手动 T1	用于低速测试运行、编程和示教	编程示教:编程速度最高 125 mm/s 手动运行:手动运行速度最高 125 mm/s
手动 T2	用于高速测试运行、编程和示教	编程示教:编程速度最高 250 mm/s 手动运行:手动运行速度最高 250 mm/s
自动	用于不带外部控制系统的工业机器人	程序运行速度:程序设置的编程速度 手动运行:禁止手动运行
外部	用于带有外部控制系统(例如 PLC)的工业机器人	程序运行速度:程序设置的编程速度 手动运行:禁止手动运行

4. 主菜单调用方法

点击主菜单图标或按键,主菜单打开。再次点击主菜单图标或按键,主菜单关闭。主菜单窗口如图 1-24 所示。

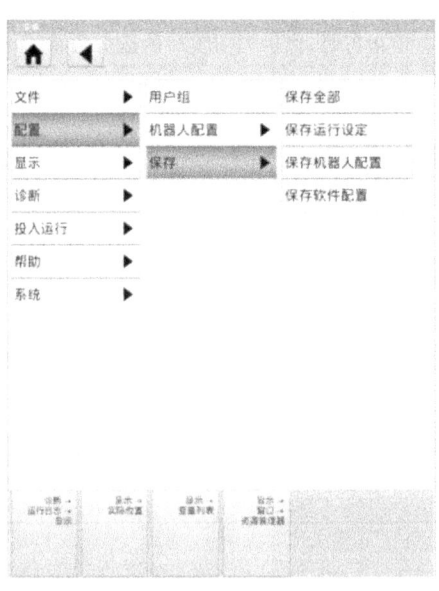

图 1-24　华数 HSpad 示教器主菜单窗口

三、手动操作华数 Ⅱ 型工业机器人

手动运行工业机器人有两种方式:① 笛卡儿式运行,即 TCP 沿着一个坐标系的正向或反向运行;② 与轴相关的运行,即每个轴均可以独立地正向或反向运行。

六轴工业机器人坐标系分为两种:轴坐标系(见图 1-25)和直角坐标系(见图 1-26)。

工业机器人各轴进行单独动作,此时坐标系为轴坐标系或者关节坐标系,如图 1-25 所示。工业机器人联动时要使用直角坐标系。直角坐标系的原点定义在机器人轴线上,直角坐标系的方向规定:X 轴正方向向前,Z 轴正方向向上,Y 轴正方向根据右手定则确定。不管工业机器人处于什么位置,均可沿设定的 X 轴、Y 轴、Z 轴平行移动。工业机器人直角坐标系包括世界坐标系 WORLD、机器人默认坐标系、基坐标系 BASE 和工具坐标系 TOOL。

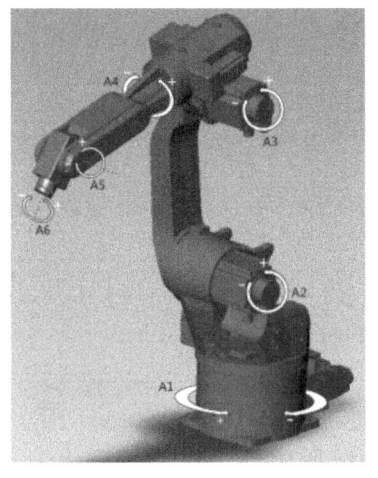

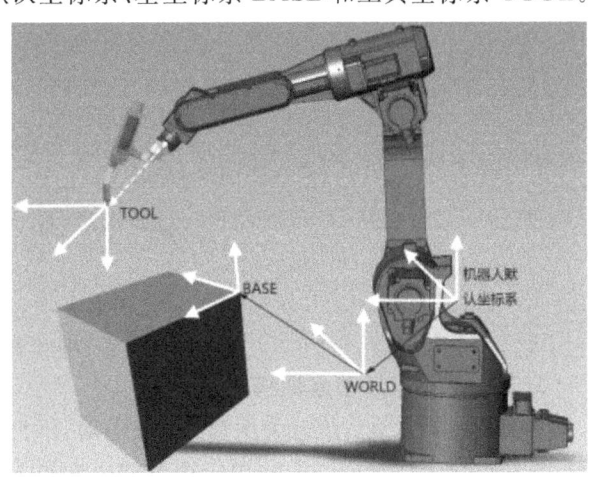

图 1-25　工业机器人轴坐标系　　　　　图 1-26　工业机器人直角坐标系

1. 手动倍率修调

手动倍率是手动运行时工业机器人的速度。它以百分数表示,以工业机器人在手动运行时的最大速度为基准。手动 T1 运行模式下最大速度为 125 mm/s,手动 T2 运行模式下最大速度为 250 mm/s。触摸状态栏中的倍率修调状态图标(见图 1-27),打开倍率调节量窗口,如图 1-28 所示,按下或者拖动相应按键可调节倍率,设定所希望的手动倍率。可通过正负键或调节器进行设定。正负键:可以以 100%、75%、50%、30%、10%、3%、1% 步距为单位进行设定。调节器:可以以 1% 步距为单位进行更改。重新触摸倍率修调状态图标(或触摸调节量窗口外的区域),调节量窗口关闭并应用所设定的倍率。

图 1-27　倍率修调

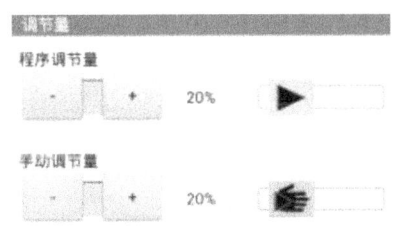

图 1-28　倍率调节量窗口

2. 基坐标/工具选择

手动触摸状态栏中的工具和基坐标状态图标(见图 1-29),打开激活的基坐标/工具窗口,如图 1-30 所示,选择所需的工具坐标系和所需的基坐标系。最多可在工业机器人控制系统中储存 16 个工具坐标系和 16 个基坐标系。

图 1-29　基坐标/工具选择

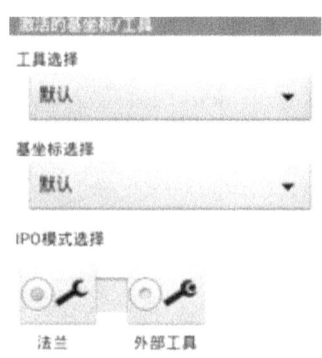

图 1-30　激活的基坐标/工具窗口

3. 工业机器人运动坐标模式

当工业机器人运行模式为手动 T1 或手动 T2 时,可通过图 1-31 所示界面选择坐标模式。手动操作选择的坐标系为轴坐标系时,运行键旁边会显示 A1~A6。按住安全开关,此时使能处于打开状态,按下正或负运行键,可使工业机器人轴朝正或反方向运动。

选择坐标系为世界坐标系、基坐标系或工具坐标系时,运行键旁边会显示"X、Y、Z、A、B、C"。X、Y、Z 用于沿选定坐标系的轴进行线性运动;A、B、C 用于沿选定坐标系的轴进行旋转运动。按住安全开关,此时使能处于打开状态,按下正或负运行键,可使机器人朝正或反方向运动。

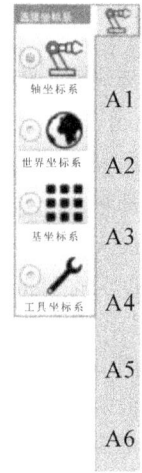

图 1-31　工业机器人运动坐标模式选择界面

4. 增量式手动模式

增量式手动模式可以使工业机器人移动所定义的距离,如 10 mm 或 3°。增量单位为 mm 时,适用于在 X、Y 或 Z 方向的笛卡儿运动。增量单位为(°)时,适用于在 A、B 或 C 方向的笛卡儿运动。触摸状态栏中的增量模式状态图标(见图 1-32),打开增量式手动移动窗口,如图 1-33 所示,可进行设置。增量式手动模式参数含义如表 1-6 所示。

图 1-32　增量式手动模式选择

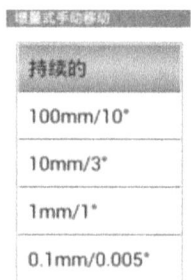

图 1-33　增量式手动移动窗口

应用范围:以同等间距进行点的定位;从一个位置移出所定义距离;使用测量表调整。

表 1-6　增量式手动模式参数含义

参数	说明
持续的	已关闭增量式手动移动
100 mm/10°	1 增量＝100 mm 或 10°
10 mm/3°	1 增量＝10 mm 或 3°
1 mm/1°	1 增量＝1 mm 或 1°

5. 手动运行附加轴

工业机器人运行模式为手动 T1 或者手动 T2 时,可选择附加轴运动模式来控制附加轴的运动,点击任意运行键图标,打开选择轴窗口,如图 1-34 所示,选择所希望的运动系统组,例如附加轴。按下正或负运行键,以使轴朝正方向或反方向运动。据不同的设备配置,可能还有不同的运动系统组,参数含义如表 1-7 所示。

图 1-34　手动运行附加轴

表 1-7　运动系统组参数含义

运动系统组	说明
机器人轴	用运行键可运行机器人轴,此时附加轴无法运行
附加轴	使用运行键可以运行所有已配置的附加轴,如附加轴 E1,E2,…,E5

6. 手动单轴运动

手动单轴运动的基本步骤如下。

(1) 确保工业机器人运行模式为手动 T1 或手动 T2。

(2) 选择运行的坐标系为轴坐标系,运行键旁边会显示 A1～A6。

(3) 设定手动倍率。

(4) 按住安全开关,此时使能处于打开状态。

(5) 按下 A1～A6 任一轴对应的"＋/－"运行键,使工业机器人的对应轴朝正方向或反方向运动。

四、HSpad 示教器显示功能

1. 数字输入/输出端显示

如图 1-35 所示为数字输入/输出端显示界面,各项说明如表 1-8 所示。

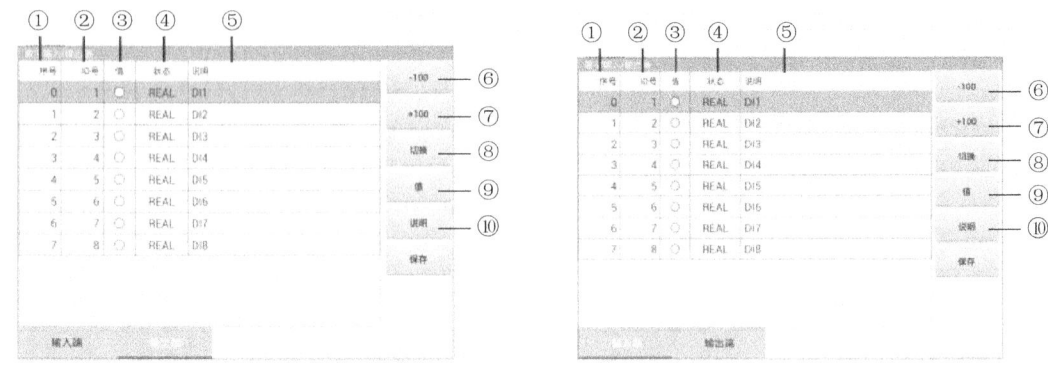

图 1-35　数字输入/输出端显示界面

表 1-8　数字输入/输出端显示界面说明

编号	说明
①	数字输入/输出序号
②	数字输入/输出 I/O 号
③	输入/输出端数值。如果一个输入或输出端为 TRUE,则被标记为红色。点击可切换值为 TRUE 或 FALSE
④	表示该数字输入/输出端为真实 I/O 或者是虚拟 I/O。真实 I/O 显示为 REAL,虚拟 I/O 显示为 VIRTUAL
⑤	给该数字输入/输出端添加说明
⑥	在显示中切换到之前的 100 个输入或输出端
⑦	在显示中切换到之后的 100 个输入或输出端
⑧	可在虚拟和实际输入/输出之间切换
⑨	可将选中的 I/O 设置为 TRUE 或者 FALSE
⑩	给选中行的数字输入/输出添加解释说明,选中后点击可更改

2. 模拟输入/输出端显示

如图 1-36 所示为模拟输入/输出端显示界面,各项说明如表 1-9 所示。

图 1-36　模拟输入/输出端显示界面

表 1-9　模拟输入/输出端显示界面说明

项目	说明
−100	在显示中切换到之前的 100 个输入或输出端
100	在显示中切换到之后的 100 个输入或输出端
值	可将选中的输出模拟量设置为电压值
说明	给选中行的模拟输入/输出添加解释说明,选中后点击可更改
保存	保存模拟量说明
配置	配置模拟量的修正值

3. 实际位置显示

实际位置显示功能可以显示工业机器人当前各个轴的角度或笛卡儿坐标系下的数据,如图 1-37 所示。当显示笛卡儿坐标系下的实际位置时,则显示 TCP 的当前位置(X、Y、Z)和取向(A、B、C)。当显示轴相关的实际位置时,则显示轴 A1~A6 的当前位置。如果有附加轴,也显示附加轴(E1,E2)的位置。在工业机器人运行过程中,会实时更新每个轴的实际位置。

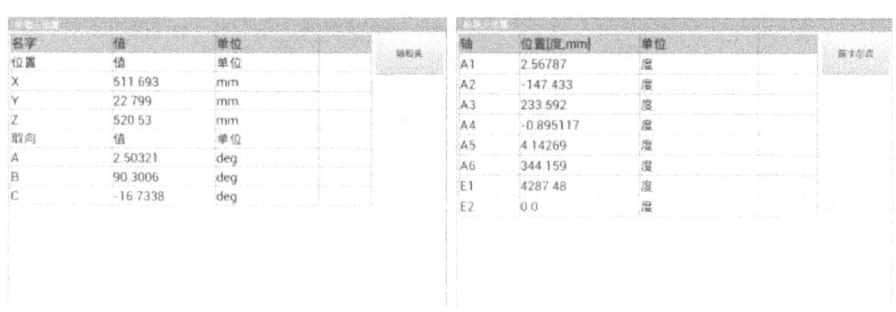

图 1-37　实际位置显示界面

五、华数Ⅱ型工业机器人软限位设置

工业机器人运行前必须设置限位开关,并设置相应轴数据,否则可能会造成损失。通过设定的软件限位开关,可限制所有机械手和定位轴的范围,设定后可保证机器人运行在设置范围内。根据现场环境,依次对每个轴进行相应限位设置。注意,在设置限位信息时,负限位的值必须小于正限位的值。

1. 内部轴软限位设置

点击菜单选项,依次点击"投入运行—软件限位开关",界面如图 1-38 所示,各项说明如表 1-10 所示。

图 1-38　内部轴软限位设置界面

表 1-10　界面说明

项目	说明
轴	机器人轴
负	机器人负软限位
当前位置	机器人当前位置
正	机器人正软限位
使能	软限位使能开关,在 OFF 状态下无软限位

2. 外部轴软限位设置

外部轴软限位主要配置外部轴运动范围,如果不存在外部轴,则外部轴限位信息界面显示为空,设置方法与内部轴设置方法一样。其界面如图 1-39 所示,各项说明如表 1-11 所示。

图 1-39　外部轴软限位设置界面

表 1-11　界面说明

项目	说明
轴	机器人外部轴
负	机器人负软限位
当前位置	机器人当前位置
正	机器人正软限位
使能	软限位使能开关,在 OFF 状态下无软限位

六、华数Ⅱ型工业机器人轴校准

工业机器人只有在校准之后方可进行笛卡儿运动,并且要将工业机器人移至编程位置。工业机器人的机械位置和编码器位置会在校准过程中协调一致。为此必须将工业机器人置于一个已经定义的机械位置,即校准位置。然后,每个轴的编码器返回值均被储存下来。所有工业机器人的校准位置都相似,但不完全相同,精确位置在同一型号的不同工业机器人之间也会有所不同。在表 1-12 所列几种情况下必须对工业机器人进行校准。

表 1-12　必须进行轴校准的情况

情况	备注
工业机器人投入运行时	必须校准,否则不能正常运行
工业机器人发生碰撞后	必须校准,否则不能正常运行
更换电动机或者编码器时	必须校准,否则不能正常运行
工业机器人运行碰撞到硬限位后	必须校准,否则不能正常运行

内部轴校准方法:点击"菜单—投入运行—调整—校准",如图 1-40 所示。

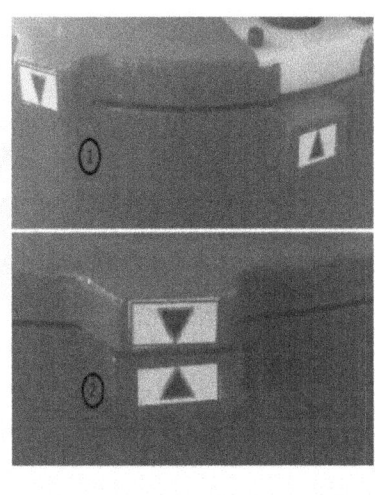

图 1-40　华数Ⅱ型工业机器人轴校准示意图

项目小结

本项目主要介绍了工业机器人的基本概念,华数Ⅱ型工业机器人的基本组成、各系统的功能、典型应用等相关知识。

工业机器人是一种能自动定位控制,可重新编程,并且可以运动的多功能机器。它有多个自由度,可用来搬运材料、零件和握持工具,以完成各种不同的作业。

工业机器人按其发展过程可分为三代。第一代为可编程机器人,它可以按照预先设定的程序,自主完成规定的动作或操作,在当前工业中应用最多。第二代为感知机器人,如有力觉、触觉和视觉等,它具有对某些外界信息进行反馈调整的能力,目前已进入应用阶段。第三代为智能机器人,尚处于试验研究阶段。

工业机器人对于新兴产业的发展和传统产业的转型都起着非常重要的作用。目前工业机器人在生产中的应用范围越来越广,受市场需求等原因的驱动将快速发展。

思考与练习

一、填空题

1.工业机器人由_____、_____和_____三个基本部分组成。

2.工业机器人按应用领域可分为搬运机器人、_____、_____、_____、_____、_____等。

3.工业机器人的发展趋势有_____。

4.工业机器人按其结构坐标系特点可分为_____、_____、_____、_____。

二、简答题

1.简述工业机器人的定义。

2.简述工业机器人的应用领域。

项目二 华数Ⅱ型工业机器人编程

面对市场经济的复杂多变性，以及现代工业的复合化、智能化、多样化应用型要求，工业机器人行业人才的需求量急剧增大，工业机器人生产线的日常操作编程、维护保养等方面的专业人才更是受到青睐。因此，掌握工业机器人的操作编程、日常维护保养方法显得格外重要。

本项目重点介绍华数Ⅱ型工业机器人程序的创建及指令编辑，系统阐述每一个指令系统的名称、格式及用法，并通过搬运程序设计实例的主要内容、基本流程和注意事项，加深大家对工业机器人程序结构逻辑的认识。

知识目标

（1）掌握华数Ⅱ型工业机器人程序的创建及指令编辑。

（2）熟悉华数Ⅱ型工业机器人指令系统的名称、格式和用法。

（3）掌握工业机器人搬运程序设计实例的工作原理和操作流程。

能力目标

（1）熟练掌握华数Ⅱ型工业机器人程序编写与调试方法。

（2）能够运用指令系统进行编程调试。

（3）掌握搬运程序设计实例中程序设计的方法。

情感目标

（1）培养学生对工业机器人操作与编程的兴趣。

（2）培养学生对示教编程及逻辑结构的兴趣。

（3）严谨认真，规范操作。

（4）广泛学习，融会贯通。

任务一　程序的创建及指令编辑

任务说明

理解华数Ⅱ型工业机器人程序的基本概念和编制方法，学会在示教器上进行程序的新建、加载和指令编辑等操作，掌握工业机器人程序编辑操作流程。

任务知识

一、文件与程序结构

华数Ⅱ型工业机器人控制系统中供用户使用的文件有两种：PRG 文件和 LIB 文件。其中 PRG 文件为主程序文件,通常是为了完成某一特定任务而编写的,故又可称其为主任务。LIB 文件为子程序文件,为包含某一特定功能模块的任务,主要用来被主任务调用。

1. 主程序(PRG)

主程序结构分两大模块,即全局变量声明模块和主程序模块,如图 2-1 所示。

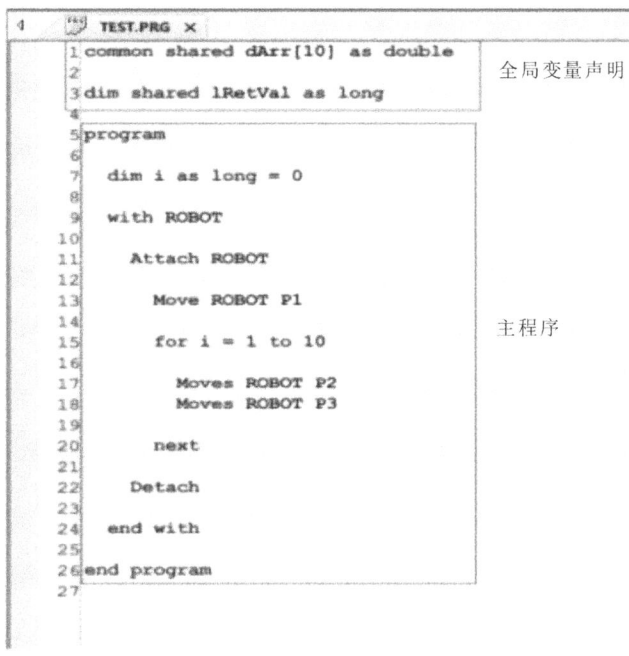

图 2-1 主程序结构

2. 子程序(LIB)

子程序结构如图 2-2 所示,由 sub [子程序名]……end sub 定义。

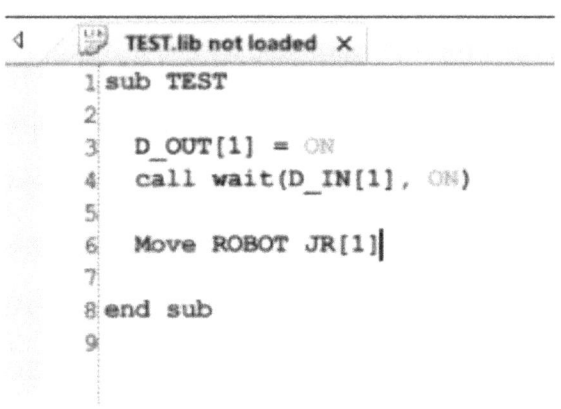

图 2-2 子程序结构

3. 子程序调用

子程序的定义可以放在 PRG 文件里,如图 2-3 所示;也可以放在 LIB 文件里,如图 2-4 所示。请注意,LIB 文件的文件名要与子程序名相同,且每个 LIB 文件仅能定义一个子程序。

```
'TEST.PRG
program
     Print "This is Main Program"
     call TESTSUB
end program


sub TESTSUB

   Print "This is sub"

end sub
```

图 2-3　在主程序中定义子程序

```
'TEST.PRG
program
     Print "This is Main Program"
     call TESTSUB
end program

'TESTSUB.LIB
sub TESTSUB

   Print "This is sub"

end sub
```

图 2-4　在子程序中定义子程序

二、程序的创建

一般而言,程序的创建可直接在 HSpad 上完成;也可在计算机上利用 Notebook 等软件编写完成,然后通过数据传输到 HSpad 上。本书以前者为例讲解。

打开 HSpad 文件管理导航器,如图 2-5 所示,用户可在导航器中管理程序及所有系统相关文件。文件信息一栏中会显示 HSRobot 下所有的文件夹及子文件夹,这是一个目录结构。如图 2-5 中显示了 HSRobot 下文件夹 newfile1 的子文件夹 f1,若选定了这个子文件夹 f1,右侧又会显示子文件夹 f1 包含的主程序和子程序等全部内容。

1. 在文件夹下新建程序

新建程序前,可以首先新建一个文件夹,即在左侧目录结构中选定要在其中创建新文件夹的文件夹,按下下方的"新建",接着选择"文件夹",并输入文件夹的名称(名称不能包含空格),并按下"确认",你需要的文件夹就建好了。

紧接着就可以在新建的文件夹下创建程序了。首先,在目录结构中选定要在其中建立程序的文件夹,同样按下下方的"新建";选择程序类型,是要创建主程序还是子程序;然后输入程序名称(名称不能包含空格),并按下"确认"。注意:子程序的后缀为 .LIB,而主程序的后缀为 .PRG。

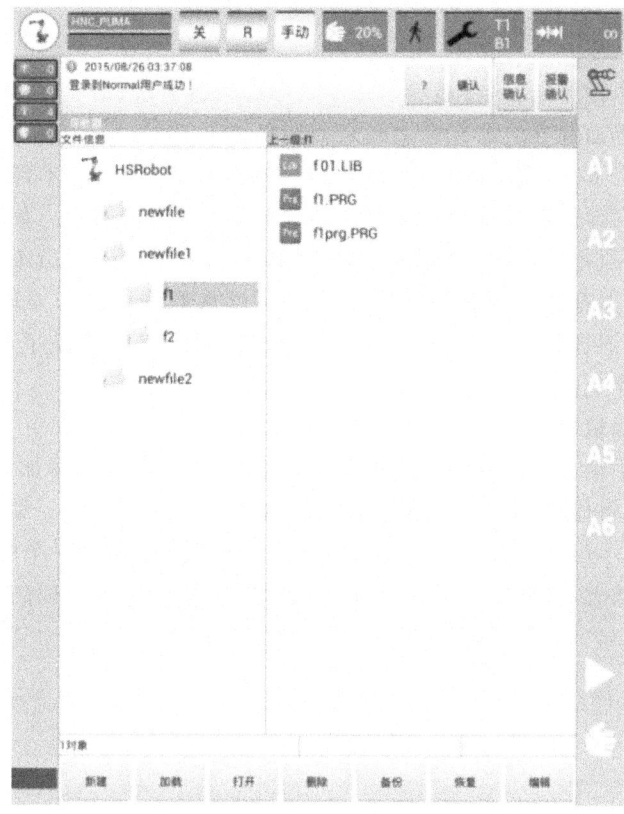

图 2-5　导航器显示界面

2. 文件的编辑

对文件的编辑操作包括文件的重命名、锁定及取消锁定、删除、备份和还原。

（1）重命名。打开导航器显示界面,选中文件或文件夹,选择右下角的"编辑"命令,然后选择"重命名",用新的名称覆盖原文件名,并按下"确认"。

（2）锁定及取消锁定。锁定是指不允许修改文件,也不能对文件进行重命名、删除、打开等操作。只有在解除锁定的情况下才允许对文件重新编辑。另外,锁定只针对文件,不针对文件夹。文件的锁定操作:首先,选中文件;然后选择右下方的"编辑"命令,选择"锁定",点击对话框中的"锁定"。完成锁定后,选定的文件上会显示一个锁的样式图标。文件的取消锁定操作:在"编辑"命令下选择"取消锁定",输入解锁密码,点击"确定"后即可解锁当前选定的文件。解锁初始密码为"hspad"。

（3）删除。文件或文件夹的删除在没有被锁定的情况下方可进行。选中文件或者文件夹,执行右下角"编辑"命令下的"删除"操作,点击对话框中的"确认"按钮,被选中的文件或文件夹将会被删除。

（4）备份和还原。文件或文件夹下的内容要及时保存,必要的时候要进行备份或还原。通常,设置备份和还原的路径为 U 盘或者默认路径。选择将要备份的文件,点击下方的"备份"命令,点击对话框中的"确认"按钮即可完成备份。同样,还原操作是点击下方"恢复"命令,对话框会列出所有设置路径(路径为 U 盘时要先插入 U 盘)下的 PRG 文件。选择需要恢复的项目,点击"确定"按钮即完成文件还原。

三、程序的加载和打开

选择或打开一个程序之后,将显示出一个程序编辑器,可以对程序进行更改。可以通过其他操作在编辑器界面和导航器界面之间来回切换。

程序在加载状态下,将显示语句指针,可以启动执行动作,但是不能编辑。只有在按下下方"编辑"菜单下的导航命令取消加载后,方可进入程序编辑器中。如果程序仅仅是打开状态,则是不能启动执行动作的,但可以编辑,适用于调试程序的人员编辑程序的情况。编辑程序之后,只有在保存或者不保存之后退出才可以加载程序。若要取消加载程序,选择"编辑"菜单下的"取消加载程序"或者直接按下"取消加载"。如果程序正在运行,则在取消程序前必须将程序停止。

1. 加载和取消加载程序

在运行模式为手动 T1、手动 T2 或自动时,在导航器中先选定要加载的程序,并按下方的"加载",编辑器中将显示该程序。选定的程序将会加载到编辑器。编辑器中始终显示相应的文件,同时会显示运行光标,方可执行下一步。如果已选定了一个程序,则状态显示工业机器人处于准备状态,在编辑器下面会显示光标所指的行数和加载的文件路径,如图 2-6 所示。

图 2-6　加载程序界面

2. 打开程序

在运行模式为手动 T1、手动 T2 或自动时,可以打开已经加载的程序,但是不能对其进行编辑。要想编辑,只执行"打开"操作即可。在导航器中选定程序并且选择下方的"打开",编辑器中将显示该程序。如果选定了一个 PRG 文件,PRG 文件将显示在编辑器中,此时程序处于可编辑状态,如图 2-7 所示。编辑程序后关闭,点击左侧的关闭按钮会提示是否保存。选择"保存"或"不保存",完成打开程序操作。

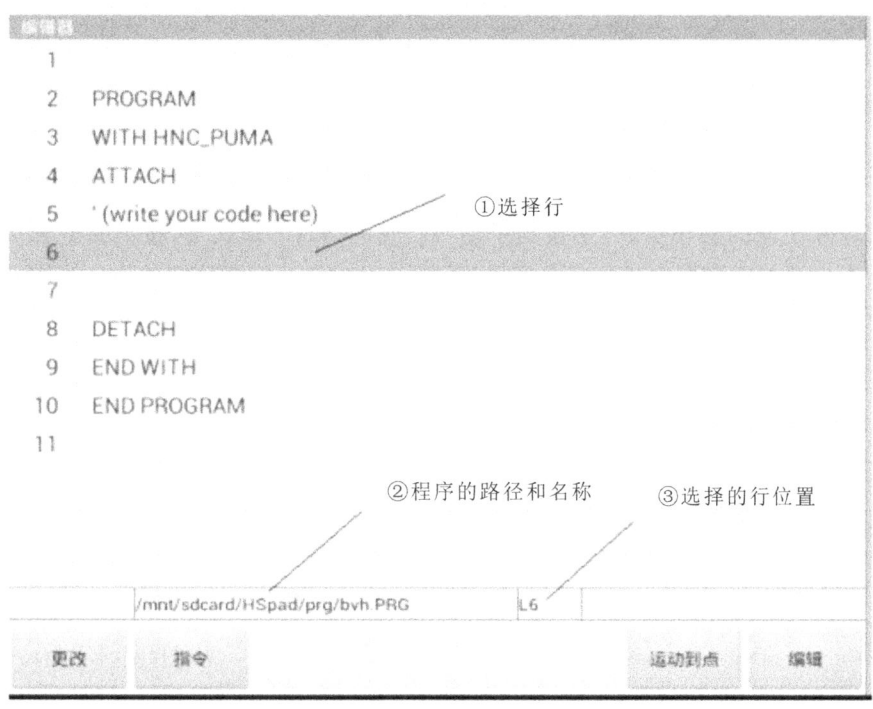

图 2-7　打开程序界面

四、程序的启动

1. 选择程序运行方式

程序的运行方式由导航器最上面的 图标显示,触摸该图标,程序的运行方式窗口打开,选择所需的程序运行方式——连续或单步,点击窗口以外的位置退出窗口方可运行程序。连续运行是指程序不停顿地运行,直至程序结尾。而单步运行是指每次点击"开始"之后程序只运行一行。

2. 设定程序运行倍率

程序运行倍率以百分数形式表示,以已编程的速度为基准。在手动 T1 模式中,最大速度为 125 mm/s;在手动 T2 模式中,最大速度为 250 mm/s。程序运行倍率图标为 ,触摸该图标,打开调节量窗口,设定所希望的程序运行倍率。可通过正负键或调节器进行设定。用正负键更改时倍率可以以 1% 步距为单位进行更改,也可以以 100%、75%、50%、30%、10%、3% 步距为单位进行设定;用调节器更改时,可左右拖动。重新触摸该图标或触摸窗口外的区域,可退出设置。

3. 打开/关闭使能

驱动装置的状态将显示在状态栏中,也可在此处接通或关断驱动装置。在手动模式下,可使用安全开关打开使能;在自动模式下,通过使能状态按钮设置使能打开和关闭。使能的状态如表 2-1 所示。

表 2-1　使能状态

图标	颜色	信息	说明
开	绿色	开	已打开使能
关	灰色	关	已关闭使能

手动打开使能的操作步骤：切换到手动 T1 或手动 T2 模式下，按下安全开关，使能打开。松开安全开关或者用力按下安全开关，使能关闭。自动打开使能的操作步骤：切换到自动或者外部模式下，按下状态栏的使能显示状态按钮，按下"开"即可打开使能，按下"关"即可关闭使能。

程序运行时，会显示不同的状态，如表 2-2 所示。

表 2-2　程序运行状态

图标	颜色	信息	说明
等待	灰色	等待	未加载程序，等待状态
准备	棕色	准备	加载程序，未开始运行状态
运行	绿色	运行	程序正在运行
错误	红色	错误	程序运行时出现错误
停止	灰色	停止	程序结束运行

4. 启动程序

当选定程序后，运行模式为手动 T1 或手动 T2 时，按住 HSpad 背后的安全开关，直到状态栏的使能状态显示为绿色。按下"启动"，安全开关不能松，程序开始运行。停止时，松开安全开关或者用力按下安全开关，或者按下"停止"。

当选定程序后，运行模式为自动时，切换运行模式时会自动设置程序连续运行，点击状态栏使能图标，点击"开"，直到状态栏的使能状态变为绿色，按下"开始"，程序开始执行。自动运行时，按下"停止"，程序停止运行。

五、程序的编辑

对一个正在运行的程序是无法进行编辑的。只有停止运行后，在外部模式下才可以对程序进行编辑。

1. 插入注释和说明

在手动 T1、手动 T2、自动或外部模式下，程序处于打开可编辑状态时，点击要插入注释的行,点击操作菜单中的"更改"进行注释的修改。点击操作菜单中"指令"下的"手动"即可弹出编辑框,可书写注释和说明,如图 2-8 和图 2-9 所示。编辑完成后,点击"确定"完成注释或说明的内容编辑。

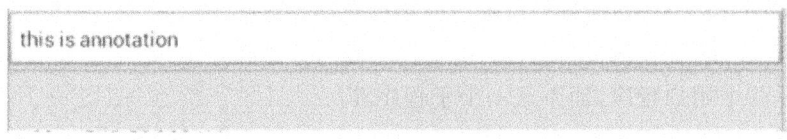

图 2-8　程序注释

图 2-9　程序说明

注意:注释和说明中不可以出现中文,只能以英文进行注释和说明。

2. 删除程序行

在手动 T1、手动 T2、自动或外部模式下,程序处于打开可编辑状态时,点击需要删除的行以选定(该程序行为蓝色背景即表示已选定)。选择操作菜单中的"编辑"命令下的"删除",即可删除对应的行。删除的程序行不能够重新恢复,请谨慎操作。如果一个包含有运动指令的程序行被删除,点名称和点坐标仍会储存在 DAT 文件中,该点可以应用到其他运动指令中,无须再次示教。

3. 复制粘贴行

对处于编辑状态的程序可执行复制粘贴操作。点击需要复制的行以选定,选择操作菜单中的"编辑"命令下的"复制",即复制该行。点击需要粘贴的行以选定,选择操作菜单中的"编辑"命令下的"粘贴",即可将已复制行粘贴到选中行的下一行。可跨文件复制粘贴。

任务二　指令系统

任务说明

该任务针对华数Ⅱ型工业机器人控制系统中运动相关指令进行了描述。常用的指令包括运动指令、条件指令、流程控制指令、延时指令、循环指令、I/O 指令、寄存器指令、逻辑指令、坐标系指令、手动指令等。

理解华数Ⅱ型工业机器人程序的各指令系统中的相关指令的含义说明、指令语法及指令示例,学会在示教器上正确应用指令进行编程等操作,掌握工业机器人程序编辑的逻辑结构原理。

任务知识

在华数Ⅱ型工业机器人程序结构中，只要新建一个程序，就会自动带着一个编写程序的模板，如图 2-10 所示，PROGRAM 和 END PROGRAM，WITH ROBOT 和 END WITH，ATTACH 和 DETACH，分别是三对配合使用的程序指令。

PROGRAM 和 END PROGRAM：指明程序段的开始和结束，系统需要依据这对关键指令来识别这是一个用户程序，而不是一个子程序等。

WITH ROBOT 和 END WITH：指明系统控制的默认组是机器人组。因为存在外部轴，所有外部轴是一个组，而工业机器人的 6 个轴也是一个组，所以有两个组。WITH ROBOT 就是说默认的操作是对机器人组。在程序中如果不指明是哪个组，则默认为机器人组。

ATTACH 和 DETACH：用于绑定组和解除组。用户程序只有绑定了一个控制组/轴（单个轴、机器人组或者外部轴组）才能运行。

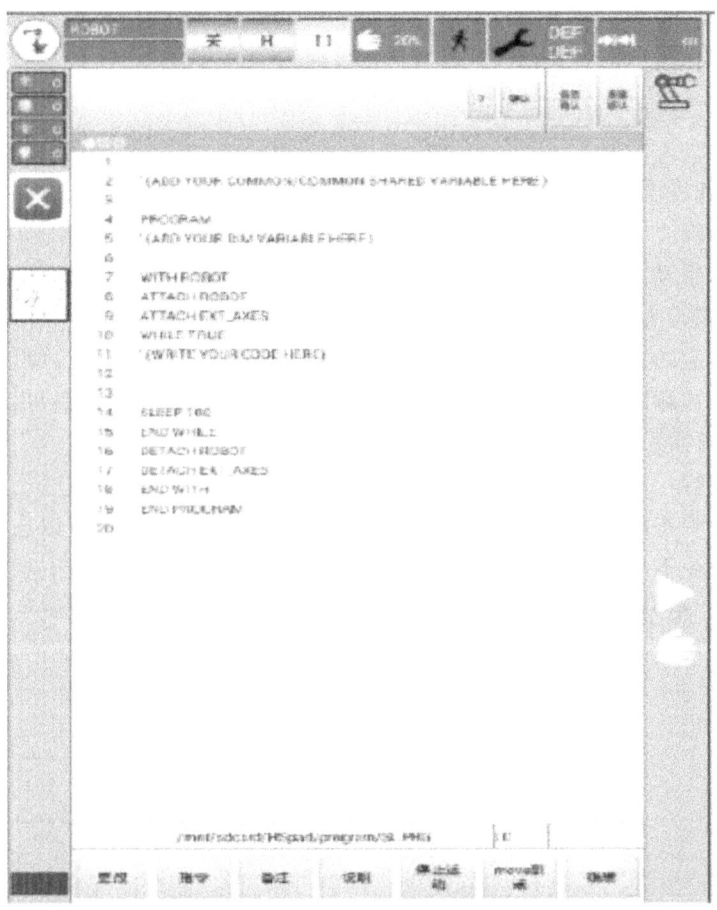

图 2-10　程序模板

一、运动指令

运动指令实现以指定速度、特定路线模式等将工具从一个位置移动到另一个指定位置。运动指令包括了点位之间的运动 MOVE 和 MOVES 指令，以及画圆弧的 CIRCLE 指令。

运动指令编辑界面如图 2-11 所示,各项说明如表 2-3 所示。

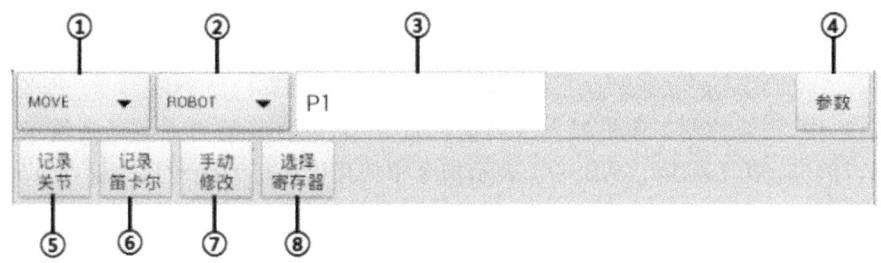

图 2-11　运动指令编辑界面

注:图 2-11 为工业机器人运动指令编辑界面截图,其中的"笛卡尔"即指笛卡儿。

表 2-3　运动指令编辑界面说明

编号	说明
①	选择指令,可选 MOVE、MOVES、CIRCLE 三种指令。当选择 CIRCLE 指令时,需设两个点用于记录位置
②	选择组,可选择机器人组或者附加轴组
③	新记录的点的名称,光标位于此时可点击记录关节坐标值或记录笛卡儿坐标值
④	点击后可打开参数设置对话框,添加/删除点对应的属性;在编辑参数后,点击"确认",将参数应用到点
⑤	为新记录的点赋值为关节坐标值
⑥	为新记录的点赋值为笛卡儿坐标值
⑦	点击后可打开修改各个轴点位值的对话框,可进行单个轴的坐标值修改
⑧	可通过新建一个 JR 寄存器或者 LR 寄存器保存新记录的点的值,可在变量列表中查找到相关值,便于以后通过寄存器使用该点位值

1. MOVE 指令

指令说明:选择一个点之后,工业机器人在当前点与选择点之间任意运动,运动过程中不进行轨迹控制和姿态控制。运动路径通常是非线性的。

指令格式:MOVE <axis> |<group> <Target Position> {Optional Properties}

指令示例:(1) MOVE ROBOT # {600,100,0,0,180,0} ABS = 1 VelocityCruise = 100

(2) MOVE A1 -10 ABS = 0 VelocityCruise = 120

示例(1)中,MOVE 指令使用绝对值编程方式(ABS=1),控制对象为 ROBOT 组,并且设定了 ROBOT 的运行速度为 100(°)/s,其目标位置为笛卡儿坐标下的 ♯{600,100,0,0,180,0}。示例(2)中,MOVE 指令使用增量值编程方式(ABS=0),单独控制 A1 轴运动,目标位置基于当前位置向负方向偏移了 10°。

2. MOVES 指令

指令说明:MOVES 指令以工业机器人当前位置为起点,控制其在笛卡儿空间范围内进行直线运动,常用于对轨迹控制有要求的场合。该指令的控制对象只能是机器人组。

指令格式:MOVES <ROBOT> <Target Position> {Optional Properties}

指令示例:(1) MOVES ROBOT # {425,70,55,90,180,90} ABS = 1 VTRAN = 100 ATRAN = 80 DTRAN = 100

(2) MOVES ROBOT {-10,0,0,0,0,0} ABS = 0 VTRAN = 120 ATRAN = 80 DTRAN = 80

示例(1)中,指令控制工业机器人从当前位置开始,以直线的方式运动到笛卡儿坐标位置♯{425,70,55,90,180,90},ABS=1表示指令中使用的坐标为绝对值坐标,VTRAN设定了工业机器人的运行速度为100 mm/s,ATRAN和DTRAN分别设置了工业机器人的加速比与减速比。

3. CIRCLE 指令

指令说明:CIRCLE 指令以当前位置为起点,CirclePoint 为中间点,TargetPoint 为终点,控制工业机器人在笛卡儿空间进行圆弧轨迹运动,同时附带姿态的插补。

指令格式:CIRCLE<group> CirclePoint= <vector> TargetPoint= {<vector> } {Optional Property}

指令示例:ROBOT ABS = 1

MOVE ROBOT # {400,300,0,0,180,0} VelocityCruise = 100

CIRCLE ROBOT CirclePoint = # {500,400,0,0,180,0} TargetPoint = # {600,300,0,180,0} VTRAN = 100

程序第一行定义编程点位都为绝对位置,第二行指令工业机器人运动到♯{400,300,0,0,180,0}位置,然后以该位置为起点,在 XY 平面上进行圆弧运动。

4. 运动参数

通常,运动指令里可以设定运动参数来控制运动的属性,如关节运动速度、加速比、减速比等,如表 2-4 所示。但是不同的运动指令所选择的运动参数不同。

表 2-4 运动参数

名称	说明	备注
VelocityCruise	关节运动速度	用于 MOVE
ACCELERATION	加速比	用于 MOVE
DECELERATION	减速比	用于 MOVE
VTRAN	速度	用于 MOVES
ATRAN	加速比	用于 MOVES
DTRAN	减速比	用于 MOVES
ABS	值为 1 表示绝对运动,值为 0 表示增量运动	—

5. 运动指令小结

MOVE 指令控制工业机器人进行关节运动,MOVES 指令和 CIRCLE 指令则控制工业机器人进行笛卡儿空间的插补运动(直线、圆弧)。MOVE 指令相对于 MOVES 指令和 CIRCLE 指令来说,优点是可以让工业机器人拥有更快的移动速度,缺点是该指令只能确保工业机器人到目标点位置,不能控制工业机器人在运动过程中的轨迹。MOVES 指令和 CIRCLE 指令会对工业机器人进行精确的轨迹以及姿态控制,但是这两个指令的运行速度较 MOVE 指令来说会慢一些。因此,在运动空间比较开阔、障碍物较少的情况下,使用 MOVE 指令控制工业机器人运动;在需要精确控制工业机器人运动轨迹,例如进入某一狭小空间操作时,使用 MOVES 指令或 CIRCLE 指令严格控制机器人轨迹会更安全。

二、条件指令

条件指令用于工业机器人程序中的运动逻辑控制,包括 IF、ELSE、END IF 以及 SELECT…CASE 指令。IF 和 END IF 必须联合使用,将条件运行程序块置于两条指令之间。

1. IF…THEN…ELSE…END IF

指令说明:IF…THEN…END IF 指令组的含义是"如果(IF)……成立,则(THEN)……"。该指令用来控制程序在某条件成立的情况下,才执行相应的操作。

指令格式:
```
IF<condition> THEN
    <first statement to execute if condition is true>
    <multiple statements to execute if condition is true>
    {ELSE
    <first statement to execute if condition is false>
    <multiple statements to execute if condition is false> }
    END IF
```

其中"{ }"括起来的部分为可选。ELSE 表示当 IF 后面跟的条件不成立时,会执行其后面的程序语句。

指令示例:
```
IF D_IN[1]= OFF THEN
    MOVE A1 100 ABS= 0
    ELSE
    MOVE A1 200 ABS= 0
    END IF
```

上述指令表示,当 D_IN[1]的值等于 OFF 时,正向移动 A1 轴 100°;否则,正向移动 A1 轴 200°。

2. SELECT…CASE

指令说明:在条件变量或条件表达式有某些特定的取值时,进行条件选择并执行相应程序。

指令格式:
```
SELECT CASE<SelectExpression>
    {CASE<expression>
    {statement_list} }
    {CASE IS<relational-operator> <expression>
    {statement_list} }
    {CASE<expression> TO <expression>
    {statement_list} }
    {CASE<expression1> Comma <expression2>
    {statement_list} }
    {CASE ELSE
    {statement_list} }
    END SELECT
```

其中〈SelectExpression〉表示可能有某些特定取值的变量或表达式。CASE 后面跟的特定情况有五种:〈expression〉表示具体的取值;IS〈relational-operator〉〈expression〉表示〈SelectExpression〉的取值与〈expression〉的逻辑关系,〈relational-operator〉为逻辑操作符,有>、<、<>、=、>=、<=六种;〈expression〉TO〈expression〉表示〈SelectExpression〉的值处于两个表达式或变量的值之间,包含两个表达式或变量的值;〈expression1〉,〈expression2〉表示〈SelectExpression〉的取值为〈expression1〉或〈expression2〉;ELSE 表示没有满足〈SelectExpression〉的情况。

指令示例:
```
PROGRAM
Dim I as Long
SELECT CASE I
CASE 0
Print "I= 0"
CASE 1
Print "I= 1"
CASE IS > = 10
Print "I > = 10"
CASE IS <0
CASE 5 To 10
Print "I is between 5 and 10"
CASE 2,3,5
Print "I is 2,3 or 5"
CASE Else
Print "Any other I value"
END SELECT
END PROGRAM
```

三、循环指令

1. WHILE…END WHILE 指令

循环指令用于多次执行 WHILE 与 END WHILE 之间的程序行,WHILE TRUE 表示程序循环执行。

指令说明:该指令用来循环执行包含在其结构中的指令块,直到条件不成立后结束循环。通常用来阻塞程序,直到某条件成立后才继续执行。

指令格式:
```
WHILE<condition>
<code to execute as long as condition is true>
END WHILE
```

指令示例:
```
(1) WHILE ROBOT Is Moving = 1    'wait for profiler to finish
    SLEEP 20
    END WHILE


(2) WHILE A2 VelocityFeedback <  1000
    Print "Axis 2 Velocity Feedback still under 1000"
    Sleep 1    'free the CPU
    END WHILE
```

如上所示,示例(1)是比较典型的运动控制循环,循环的条件是 ROBOT 组正处于运动过程中。该循环的功能是如果 ROBOT 正处于运动过程中,我们就将程序阻塞在该循环里面,直到 ROBOT 停止运动才跳出循环继续往下执行。示例(2)使用 A2 的反馈速度作为条件,当 A2 的反馈速度低于 1000 时,执行循环内的打印及休眠语句,当 A2 的反馈速度大于或等于 1000 时,表达式不成立,此时就会跳出循环,继续执行后面的语句。需要注意的是WHILE 循环执行过程中会完全占有 CPU 资源,需要在循环的最后加上 SLEEP 指令,以释放 CPU 资源给其他任务,防止因为 CPU 占用率过高而产生警报。

2. FOR…NEXT 指令

指令说明:FOR 循环类似 WHILE 循环,也是循环执行包含在其结构中的程序块,不同的是 FOR 循环通常在指定了程序块循环次数的情况下使用。

指令格式:FOR<counter> = <start value> TO<end value> {STEP<stepsize> }

　　　　　{ <loopstatements> }

　　　　　NEXT { <counter> }

指令示例:(1) Dim I as double = 0　　　'定义循环条件变量

　　　　　FOR I = 1 to 10 STEP 0.5

　　　　　Print "I = ";I

　　　　　NEXT I

　　　　(2) FOR I = 1 to 10

　　　　　Print "I = ";I

　　　　　NEXT

如示例(1),FOR 循环会打印出 1,1.5,2,2.5,3,…,9.5,10。STEP 以及关键字是可选的,如果没有 STEP 0.5,如示例(2),则循环打印出来的结果为 1,2,3,…,9,10。步进量(STEP 后面跟的数字)可以是 double 类型,此时循环变量 I 也必须定义为 double 类型。

四、流程控制指令

流程控制指令用来控制程序的执行顺序,控制程序从当前行跳转到指定行执行,关系到程序执行流程。流程控制指令包括以下三种:① 子程序调用指令(CALL 指令);② 程序跳转指令(GOTO…LABEL 指令);③ 子程序相关指令。

1. CALL 指令

指令说明:该指令的功能是调用由 SUB…END SUB 关键字定义的子程序。

指令格式:CALL<subprogram name>

指令示例:'TEST.PRG

　　　　　PROGRAM

　　　　　Print "This is Main Program"

　　　　　CALL TESTSUB

　　　　　END PROGRAM

　　　　　'TESTSUB.LIB

　　　　　SUB TESTSUB

　　　　　Print "This is sub"

```
END SUB
'This is Main Program
'This is sub
```

在主程序(PRG 文件)中使用 CALL 关键字调用子程序,程序会切到子程序内执行子程序内的语句。上述示例的输出为先打印出"This is Main Program",然后打印出"This is sub"。

2. GOTO…LABEL 指令

指令说明:GOTO 指令主要用来使程序跳转到指定标签(LABEL)位置处。要使用 GOTO 关键字,必须先在程序中定义 LABEL 标签,且 GOTO 与 LABEL 必须处在同一个程序块(PROGRAM … END PROGRAM,SUB … END SUB,FUNCTION … END FUNCTION,ONEVENT…END ONEVENT)中。

指令格式:GOTO<program label>
     <program label> :

指令示例:PROGRAM

```
IF D_IN[1]= ON THEN
GOTO LABEL1
END IF
Print "D_IN[1]= OFF"
LABEL1:
Print "D_IN[1]= ON"
END PROGRAM
```

如上示例,当 D_IN[1]为 ON 时,执行 GOTO 指令,此时程序会直接跳转到 LABEL1:处,然后执行后面的语句,即打印出"D_IN[1]=ON",而不会执行 Print "D_IN[1]=OFF"这一行。需要注意的是,请尽量避免使用 GOTO 语句。GOTO 语句会打乱整个程序的逻辑顺序,使得程序结构混乱,不容易理解,且容易出错。

3. 子程序相关指令

子程序相关指令包括 SUB、PUBLIC SUB、END SUB 和 FUNCTION 、PUBLIC FUNCTION,END FUNCTION。SUB,PUBLIC SUB 必须和 END SUB 联合使用,子程序位于两条指令之间。FUNCTION 、PUBLIC FUNCTION 也必须和 END FUNCTION 联合使用,子程序位于两条指令之间。其具体说明如表 2-5 所示。

表 2-5 子程序相关指令说明

指令	说明
SUB	写子程序,该子程序没有返回值,只能在本程序中调用
PUBLIC SUB	写子程序,该子程序没有返回值,能在程序以外的其他地方调用
END SUB	写子程序结束
FUNCTION	写子程序,该子程序有返回值,只能在本程序中调用
PUBLIC FUNCTION	写子程序,该子程序有返回值,能在程序以外的其他地方调用
END FUNCTION	写子程序结束

五、延时指令

1. DELAY 指令

指令说明：DELAY 指令用来使工业机器人运动延时，最小延时时间为 2 ms。

指令格式：DELAY<motionelement> <delaytime>

指令示例：
```
PROGRAM
    WITH ROBOT
    ATTACH ROBOT
    MOVE ROBOT P2
    DELAY ROBOT 2      '延时 2 ms
    Print "ROBOT IS STOPPED"
    DETACH
    END WITH
END PROGRAM
```

如上示例，程序首先执行 MOVE 指令，控制工业机器人从当前点移动到目标点 P2（为阅读方便，点的表示形式与程序中相同，全书同），等到工业机器人移动到目标点 P2 后开始执行 DELAY 指令，2 ms 后打印输出"ROBOT IS STOPPED"。

2. SLEEP 指令

指令说明：SLEEP 指令的作用是使程序（任务）的执行延时，最小延时时间为 1 ms。

指令格式：SLEEP<time>

指令示例：
```
PROGRAM
    WITH ROBOT
    ATTACH ROBOT
    MOVE ROBOT P2      '假设该运动的持续时间为 200 ms;
    SLEEP 100          '延时 100 ms
    Print "ROBOT IS NOT STOPPED"
    DETACH
    END WITH
END PROGRAM
```

如上示例，MOVE 指令开始执行的同时，SLEEP 指令也开始执行，我们假设 MOVE 指令执行完（工业机器人运动到目标点 P2）的时间要 200 ms，那么，MOVE 指令执行了 100 ms 后，"ROBOT IS NOT STOPPED"就会打印输出，此时工业机器人还未到目标点 P2。然后等到工业机器人运动到目标点 P2 后，整个程序执行完毕。

3. 延时指令总结

通过上面两个指令示例，可以看到 DELAY 延时指令与 SLEEP 延时指令的区别。DELAY 延时指令是针对机器人组的，其指令格式中必须带有运动对象，且最小延时时间为 2 ms。SLEEP 延时指令针对的是程序（任务），该指令并不能控制运动对象的运动延时，只能控制程序（任务）执行过程的延时，SLEEP 指令的最小延时时间为 1 ms。

六、I/O 指令

I/O 指令即 PLC 输入/输出指令，用来设置信号输出状态和读取输入信号。I/O 指令包括:① D_IN 、D_OUT 指令;② WAIT 指令、WAITUNTIL 指令;③ PLUSE 指令。I/O 指令可用于给当前 I/O 赋值为 ON 或者 OFF,也可用于在 D_IN 和 D_OUT 之间传值。

1. D_IN 、D_OUT 指令

指令说明:D_IN、D_OUT 指令可用于给当前 I/O 赋值为 ON 或者 OFF,也可用于在 D_IN 和 D_OUT 之间传值。

指令格式:`D_OUT[i]= ON/OFF`

其中:i 表示数字量输入输出端口号;ON 表示发出信号;OFF 表示关闭信号。

指令示例:`D_OUT[10]= ON`
`D_OUT[11]= OFF`

2. WAIT 指令

指令说明:WAIT 指令用于阻塞等待一个指定 I/O 信号,可选 D_IN 和 D_OUT。

指令格式:`CALL WAIT( <IN /OUT> ,<ON | OFF> )`

指令示例:
```
PROGRAM
    D_OUT[1]= OFF
    CALL WAIT(D_OUT[1],ON)
    Print "D_OUT[1]= ON"
END PROGRAM
```

WAIT 指令需要使用 CALL 指令来调用。WAIT 指令的第一个参数为 I/O,第二个参数为该 I/O 的状态的期望值。程序中设定 D_OUT[1]为关闭状态后,此时程序会阻塞在该处;直到其他程序或者用户手动将 D_OUT[1]的状态置位后,该指令返回,程序才继续执行打印操作。

WAIT(D_IN[8],ON)表示等待数字量输入 8 号端口的状态为 ON 时,工业机器人程序继续执行,若当前状态为 OFF,则无限等待直至信号转变。

3. WAITUNTIL 指令

指令说明:该指令类似于 WAIT 指令,不同之处是增加了延时时间参数以及延时标识。当指令等待 I/O 状态超过设定时间时,该指令不管 I/O 的状态是否满足,直接返回,并置延时标识为 TRUE。

指令格式:`CALL WAITUNTIL( <IN | OUT> ,<ON | OFF> ,<time> ,<flag> )`

指令示例:
```
PROGRAM
    Dim flag as long = -1
    D_OUT[1]= OFF
    CALL WAITUNTIL(D_OUT[1],ON,3000,flag)
    IF flag= TRUE THEN
    PRINT "D_OUT[1]= ON"
    ELSE
    PRINT "D_OUT[1]= OFF"
    END IF
END PROGRAM
```

如上示例,程序首先复位了 D_OUT[1]的状态,然后执行 WAITUNTIL 指令。该指令会判断 D_OUT[1]的状态是否为设定的状态,且等待时间为 3000 ms。如果在 3000 ms 之内,D_OUT[1]的状态切到 ON,则指令立即返回,且 flag 值为 TRUE,程序打印"D_OUT

[1]＝ON"；如果 D_OUT[1]一直处于 OFF 状态，那么 3000 ms 过后，该指令也会返回，flag 值为 FALSE，此时程序会打印"D_OUT[1]＝OFF"。

4. PLUSE 指令

指令说明：PLUSE 指令用于产生脉冲。

指令格式：PLUSE(I/O,Value)

其中：I/O 代表 D_OUT；Value 代表 TIME。

指令示例：PLUSE(15,2000)　　' 15 号输出端口输出一个 2000 ms 的脉冲信号

```
PROGRAM
D_OUT[1]= OFF
CALL PULSE(D_OUT[1],500)
END PROGRAM
```

如上示例，程序首先将 D_OUT[1]复位，接着调用 PULSE 指令。此时 PULSE 指令会将 D_OUT[1]的状态置为 ON，并且保持 500 ms，然后将 D_OUT[1]的状态置为 OFF。

七、寄存器指令

寄存器指令用于添加寄存器，以及使用寄存器做运算操作。华数Ⅱ型工业机器人系统中预先定义了几组不同类型的寄存器供用户使用。其中包括整型的 IR 寄存器，浮点型的 DR 寄存器，笛卡儿坐标类型的 LR 寄存器，关节坐标类型的 JR 寄存器。其中 IR 寄存器与 DR 寄存器有 200 个，LR 寄存器与 JR 寄存器有 1000 个。

寄存器可以在程序中直接使用。一般情况下，用户将预先需要设定的值手动设置在对应的寄存器中，例如，在手动示教时，将示教点位保存在 LR 寄存器或 JR 寄存器中，然后编程时直接使用。

寄存器设置格式为目的寄存器＝操作数 1＋操作数 2＋…＋操作数 N，其中操作数可以为寄存器，也可以为数值。选择"指令—寄存器"，选择目标寄存器。点击"选项"，设置寄存器操作，保存后退出。点击操作栏中的"确定"，完成指令的添加。

指令示例：
```
PROGRAM
WITH ROBOT
ATTACH
MOVE ROBOT JR[1]
MOVE ROBOT JR[2]
WHILE TRUE
MOVES ROBOT LR[1]
MOVES ROBOT LR[2]
IF IR[1]= 0 THEN
GOTO END_PROG
END IF
SLEEP 10
END WHILE
END_PROG:
DETACH
END WITH
```

如上示例，在程序中可以直接使用预先设定好的寄存器。使用这种方式编程可以很好

地解决点位的调整以及保存等问题。另外，通过 IR 寄存器或 DR 寄存器来进行某些条件判断也是很好的辅助程序控制手段，比使用 I/O 点位更加简单方便。

任务三　搬运程序设计实例

任务说明

本任务首先讲解搬运机器人的由来、应用、优点及其分类，然后通过搬运程序的设计实例，使学生理解运动指令、条件指令、I/O 指令等，并在这些指令的使用过程中，熟悉位置数据、进给速度、定位路径的设置过程；同时使学生学会任务分析、运动规划、路径规划的方法；掌握程序编辑、保存、加载运行的操作过程，最终操纵机器人完成整个搬运过程。

任务知识

一、搬运机器人及其应用

搬运机器人是可以进行自动化搬运作业的工业机器人。最早的搬运机器人出现于 1960 年，在美国，Versatran 和 Unimate 两种机器人首次用于搬运作业。搬运作业是工业机器人通过手部机构握持工件，从一个加工位置移动到另一个加工位置，在自动化生产线的前端上料、后端下料和仓储等场合较常见。搬运机器人的出现，不仅可提高产品的质量和产量，而且对保障人身安全、改善劳动环境、减轻劳动强度、提高劳动生产率、节约原材料及降低生产成本有着十分重要的意义。目前，世界上使用的搬运机器人逾 10 万台，广泛应用于机床上下料、冲压机自动化生产线、自动装配流水线、码垛搬运、集装箱的自动搬运等。部分发达国家已制定人工搬运的最大限度，超过限度的必须由搬运机器人来完成。机器人搬运物料将成为自动化生产制造的必备环节，搬运行业也因搬运机器人的出现而开启了"新纪元"。

二、搬运机器人的分类及特点

搬运机器人作为先进自动化设备，具有通用性强、工作稳定的优点，并且操作简便、功能丰富。归纳起来，搬运机器人的主要优点如下。

（1）动作稳定，可靠性高，提高了搬运的准确性。

（2）解放繁重体力劳动，实现"无人化"或"少人化"生产。

（3）改善工人劳作条件，使工人远离有毒、有害环境。

（4）柔性高、适应性强，可实现多形状、不规则物料搬运。

（5）定位准确，保证批量一致性。

（6）可降低制造成本，提高生产效率。

搬运机器人是工业机器人中的一员，其结构形式多与其他工业机器人类似，只是在实际生产制造当中，为了适应不同的作业对象，需要设计不同的手部握持机构。同时在工业机器人内部对其进行参数设置，定期对工业机器人工作站系统进行备份与恢复，可以预防断电、碰撞等异常情况对运动产生的影响，降低停产带来的损失。

常用的搬运机器人按其用途可分为两类。一类是自动化生产线进行上下料、搬运集装箱以及码垛等操作所用的三轴、四轴、五轴、六轴及七轴机械手,如图 2-12 所示。另一类是物流搬运用的 AGV 智能搬运机器人或 AGV 小车,如图 2-13 所示。以导向系统为核心控制 AGV 小车的行驶方向,使其沿着规定的路径行驶并完成一系列指定任务。常见引导方式为磁条引导、激光引导和 RFID 引导。

　　按其结构分类,搬运机器人可分为龙门式搬运机器人、悬臂式搬运机器人、侧臂式搬运机器人、摆臂式搬运机器人和关节式搬运机器人等,如图 2-14 所示。

图 2-12　六轴机械手　　　　　　　　图 2-13　AGV 小车

龙门式搬运机器人　　　　　　　　　　悬臂式搬运机器人

侧臂式搬运机器人　　　　摆臂式搬运机器人　　　关节式搬运机器人

图 2-14　搬运机器人按结构分类

三、搬运程序设计实例

　　现有一个机加工自动化单元,由数控车床、工业机器人及料仓组成,所用工业机器人为华数Ⅱ型工业机器人 HSR-JR612,完成从料仓到数控机床上下料的搬运工作。该机器人末端气爪的结构形式如图 2-15 所示,气爪 1 的 I/O 分配表如表 2-6 所示。其工作流程如下。

　　(1) 初始状态为机器人在零点位置,数控车床为空置且自动门打开到位。

　　(2) 当 1 号料仓有料时(D_IN[11]),机器人由料仓上料处抓取一个工件,放置在数控车床中,数控车床开始加工(模拟)。

(3)机器人等待机床加工完成(D_IN[10])。

(4)机器人将已加工工件放置在 1 号料仓位置。

(5)当 2 号料仓有料时(D_IN[12]),机器人由料仓上料处抓取一个工件,放置在数控车床中,数控车床开始加工(模拟)。

(6)机器人等待机床加工完成(D_IN[10])。

(7)机器人将已加工工件放置在 2 号料仓位置。

(8)允许放料信号为(D_IN[13])。

(9)允许取料信号为(D_IN[14])。

图 2-15　HSR-JR612 末端气爪

表 2-6　末端气爪 1 的 I/O 分配表

末端名称	松开控制信号	夹紧控制信号	松开到位信号	夹紧到位信号
气爪 1	D_OUT[2]＝OFF D_OUT[3]＝ON	D_OUT[2]＝ON D_OUT[3]＝OFF	D_IN[1]＝ON	D_IN[2]＝ON

设计程序如下。

	……	'程序题头
1	MOVE ROBOT JR[100]	'运行至安全位置
2	DELAY ROBOT 1000	'机器人延时 1000 ms
3	D_OUT[2]＝ OFF	'气爪 1 张开
4	D_OUT[3]＝ ON	
5	CALL WAIT(D_IN[1],ON)	'等待松开到位信号
6	IF D_IN[11]＝ ON THEN	'1 号料仓有料
7	MOVE ROBOT LR[101]	'运行至 1 号料仓正前方
8	MOVES ROBOT LR[102]	'运行至工件正上方
9	MOVES ROBOT LR[103] VTRAN= 100	'运行至工件抓紧位
10	DELAY ROBOT 1000	'机器人延时
11	D_OUT[2]＝ ON	'气爪 1 夹紧
12	D_OUT[3]＝ OFF	
13	CALL WAIT(D_IN[2],ON)	'等待夹紧到位信号
14	MOVES ROBOT LR[102] VTRAN= 100	'运行至工件正上方

15	MOVE ROBOT LR[101]	'运行至1号料仓正前方
16	MOVE ROBOT LR[104]	'运行至机床正前方
17	CALL WAIT(D_IN[13],ON)	'允许放料
18	MOVES ROBOT LR[105]	'运行至机床放料处正上方
19	MOVES ROBOT LR[106]	'运行至放料处
20	DELAY ROBOT 1000	'机器人延时
21	D_OUT[2]= OFF	'气爪1张开
22	D_OUT[3]= ON	
23	CALL WAIT(D_IN[1],ON)	'等待松开到位信号
24	MOVES ROBOT LR[105]	'运行至机床放料处正上方
25	MOVE ROBOT LR[104]	'运行至机床正前方
26	CALL WAIT(D_IN[10],ON)	'等待加工完成
27	CALL WAIT(D_IN[14],ON)	'允许取料
28	MOVES ROBOT LR[105]	'运行至机床放料处正上方
29	MOVES ROBOT LR[106]	'运行至放料处
30	DELAY ROBOT 1000	'机器人延时
31	D_OUT[2]= ON	'气爪1夹紧
32	D_OUT[3]= OFF	
33	CALL WAIT(D_IN[2],ON)	'等待夹紧到位信号
34	MOVES ROBOT LR[105]	'运行至机床放料处正上方
35	MOVES ROBOT LR[104]	'运行至机床正前方
36	MOVES ROBOT LR[101]	'运行至1号料仓正前方
37	MOVES ROBOT LR[102]	'运行至工件正上方
38	MOVES ROBOT LR[103] VTRAN = 100	'运行至工件抓紧位
39	DELAY ROBOT 1000	'机器人延时
40	D_OUT[2]= OFF	'气爪1张开
41	D_OUT[3]= ON	
42	CALL WAIT(D_IN[1],ON)	'等待松开到位信号
43	MOVES ROBOT LR[102]	'运行至工件正上方
44	MOVES ROBOT LR[101]	'运行至1号料仓正前方
45	MOVE ROBOT JR[100]	'运行至安全位置
46	END IF	

……

该部分程序仅仅演示了工业机器人用气爪1搬运工件至数控车床上下料的过程。如果用气爪1搬运其他仓位的工件至机床上下料，只要变换不同的仓位的点位即可；如果改用气爪2抓取工件至机床上下料，就要变换为气爪2的I/O信号。请大家灵活变通，编程时理清逻辑结构即可。

项目小结

本项目主要介绍了工业机器人运动方式的设计，程序的建立、打开、保存和加载运行。在指令应用方面，对运动指令、条件指令、I/O指令、位置数据、进给速度、定位路径、等待指令、延时指令等进行了说明，并结合指令示例进行了详细讲解。在技能方面，主要介绍了程序的建立、编辑、调试、保存及运行等，使操作人员能够记住工业机器人的编程模式、常用编程指令及格式。最后通过工业机器人搬运程序设计实例,介绍了工业机器人在搬运生产中的实际应用。

思考与练习

一、填空题

1.华数Ⅱ型工业机器人控制系统中供用户使用的文件有两种:_____和_____。

2.工业机器人的运动类型有三种,分别是_____、_____、_____。

3.按其结构分类,搬运机器人可分为_____、_____、_____、_____、_____。

4.GOTO…LABEL 是_____指令。

5.DELAY 指令用来使工业机器人的运动延时,最小延时时间为_____ ms。

6.程序中设定 D_OUT[1]为关闭状态,其指令语句应该写成_____。

二、选择题

1.华数Ⅱ型工业机器人的状态栏显示工业机器人状态。多数情况下点击图标就会打开一个窗口,可在打开的窗口中更改设置。那么状态栏中可设置(   )种运行模式?

A.3   B.4   C.5   D.6

2.手动倍率是手动运行时工业机器人的速度。它以百分数表示,以工业机器人在手动运行时的最大速度为基准。手动 T1 的基准为(   ),手动 T2 的基准为(   )。

A.125 mm/s;250 mm/s   B.125 mm/s;125 mm/s

C.250 mm/s;250 mm/s   D.250 mm/s;125 mm/s

3.(   )控制 TCP(工具中心点)沿直线轨迹运动到目标位置,其速度由程序指令直接指定。

A.MOVE 指令   B.CIRCLE 指令   C.MOVES 指令   D.以上都不是

4.I/O指令中的 PLUSE 指令用于产生脉冲,编程语句 PLUSE(15,2000)的含义是(   )。

A.15 号输入端口输出一个 2 s 的脉冲信号

B.15 号输入端口输入一个 2 s 的脉冲信号

C.15 号输出端口输出一个 2 s 的脉冲信号

D.15 号输出端口输入一个 2 s 的脉冲信号

三、简答题

1.编写工业机器人的搬运程序并示教,要求将工件从 A 处搬到 E 处,循环 4 次搬运动作后停止。(可尝试气爪从工件前方和上方分别进入夹取。)

2.简述工业机器人的三种运动类型及各参数的含义。

3.简述延时指令 DELAY 与 延时指令 SLEEP 的区别。

4.华数Ⅱ型工业机器人系统中定义外部轴运动的寄存器是哪个?

5.IF D_IN[1]= OFF THEN

    MOVE A1 100 ABS= 0

该指令语句的含义是什么?

项目三　华数Ⅱ型工业机器人码垛操作与编程

码垛机器人广泛应用于物流、食品、医药等领域。采用机器人码垛可以大大提高生产效率，节省劳动力成本，提高定位精度并降低搬运过程中的产品损坏率。

本项目利用 HSR-612 机器人实现搬运 A 区的 6 个物料到 B 区，分两层码垛存放，并模拟工业实际需求，通过改变码放方式、工作台位置和考虑物料掉落情况等提升项目难度。

通过本项目的学习，学生应能学会工具坐标系和工件坐标系的标定方法，目标点快速准确的示教技巧，子程序的调用和循环、选择、坐标系切换等指令的使用方法，最终操纵机器人自主完成码垛任务。

知识目标

(1) 了解码垛的工艺要求。

(2) 掌握华数Ⅱ型工业机器人系统工具坐标系和工件坐标系(基坐标系)的标定方法。

(3) 掌握子程序的编写和调试方法。

(4) 熟练掌握目标点的示教方法。

(5) 熟练掌握华数Ⅱ型工业机器人系统循环、流程控制、选择等指令的使用方法。

能力目标

(1) 能描述常见的码垛要求和方式。

(2) 能合理规划机器人码垛运动轨迹。

(3) 能合理选择示教点，并快速、准确地完成示教。

(4) 能根据任务需求选择恰当的坐标系，并完成标定。

(5) 能根据任务需求完成码垛的程序编写和调试。

情感目标

(1) 培养学生对工业机器人操作与编程的兴趣。

(2) 培养学生程序优化无止境的理念。

(3) 培养学生安全生产、规范操作的意识。

(4) 培养学生严谨、细致、协作的工作态度。

任务一　工具坐标系与工件坐标系

任务说明

本任务介绍华数Ⅱ型工业机器人系统中工具坐标系和工件坐标系的区别和标定方法。

任务知识

华数 II 型工业机器人系统有四种坐标系:轴坐标系、世界坐标系、工件坐标系、工具坐标系。其中轴坐标系属于关节坐标模式,世界坐标系、基坐标系、工具坐标系属于笛卡儿(直角)坐标模式。

关节坐标模式为 6 个关节位置角度(J_1、J_2、J_3、J_4、J_5、J_6),如图 3-1 所示。

直角坐标模式(X、Y、Z、A、B、C)中,X、Y、Z 为 TCP(工具末端中心)的位置,A、B、C 为机器人的姿态,如图 3-2 所示。

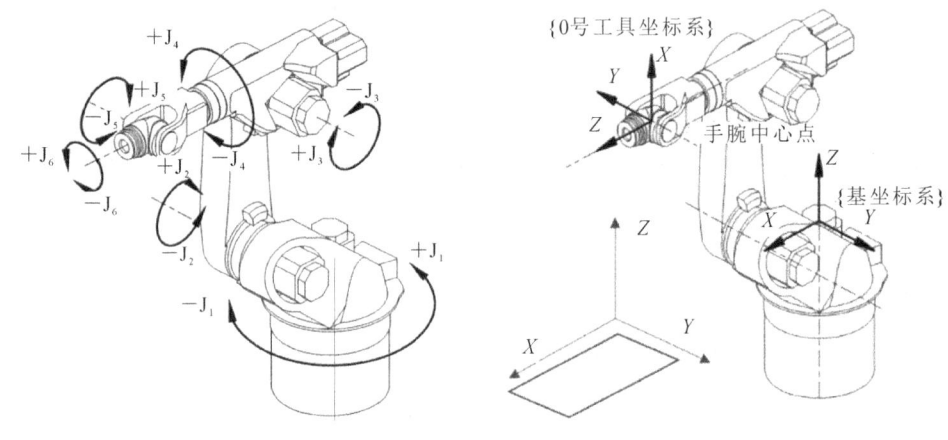

图 3-1　关节坐标模式　　　　　　　图 3-2　直角坐标模式

一、工具坐标系

1.默认工具坐标系

工业机器人 J_4、J_5、J_6 关节轴线共同的交点为手腕中心点及 TCP 的位置,0 号工具坐标系,即默认工具坐标系的原点位于该点。默认指向机器人末端为 Z 轴正方向。

实际中,使用工业机器人时,末端往往会安装不同的工具,通常定义工具的有效方向为 Z 轴正方向,如图 3-3 所示。夹爪等工具的 TCP 位于末端所在平面与中心线的交点;焊枪等工具的 TCP 位于焊枪末端。

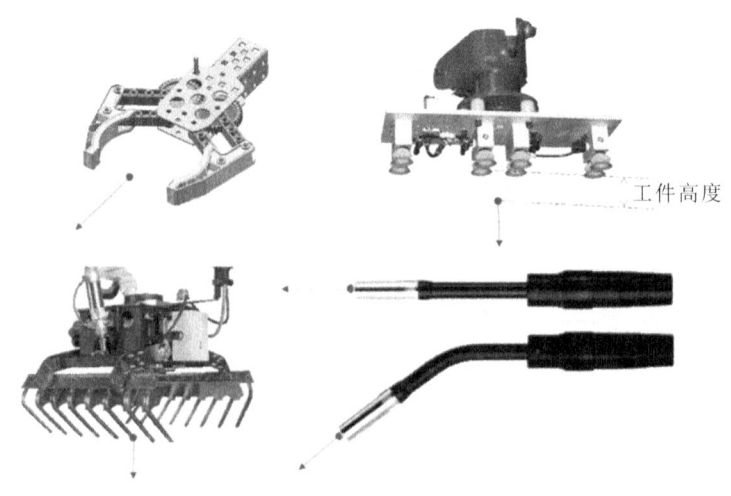

图 3-3　常见工具的有效方向

当工具的有效方向与默认 Z 轴正方向一致时,使用四点标定法新建工具坐标系;当工具的有效方向与默认 Z 轴正方向不一致时,使用六点标定法新建工具坐标系。

2. 用四点标定法新建工具坐标系

所谓四点标定法,即将待测量工具的 TCP 从四个不同方向(姿态)移向一个参照点,参照点可以任意选择,机器人控制系统从不同的法兰位置值中计算出 TCP。要求:运动到参照点所用的四个法兰位置必须分散开足够的距离(姿态差异度大),如图 3-4 所示。

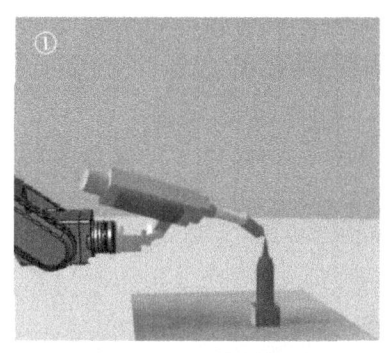
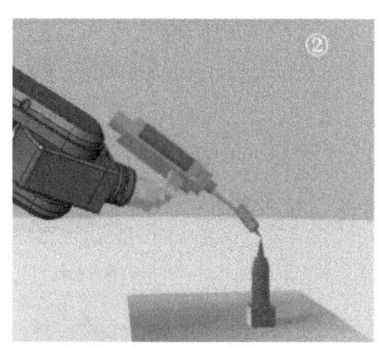
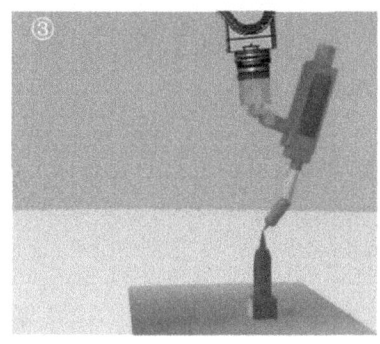
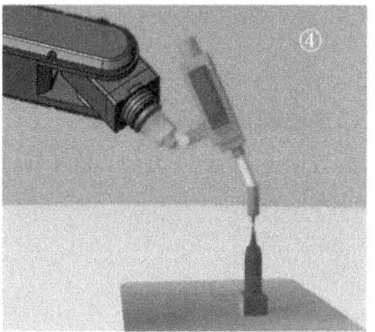

图 3-4　四点标定法示意图

标定前准备:① 待测量的工具已安装在机器人末端;

② 运行模式切换到手动 T1。

四点标定法的操作步骤如下。

(1)在菜单中选择"投入运行—测量—工具—4 点法"。

(2)为待测量的工具输入工具号和工具名,如图 3-5 所示,点击"继续"确认。

(3)将 TCP 移至任意一个参照点,点击记录,点击"确定"确认,如图 3-6 所示。

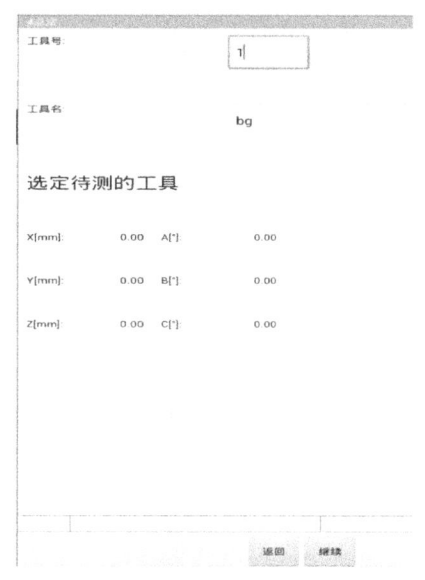

图 3-5　输入工具号和工具名

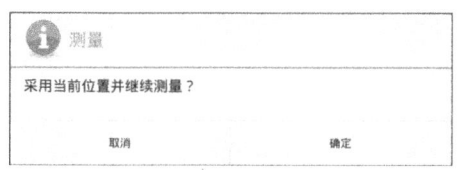

图 3-6　记录第一个点位

（4）将 TCP 从其他不同方向朝参照点移动，点击记录，点击"确定"确认。

（5）将步骤（4）重复两次。

（6）点击"保存"，数据被保存，窗口关闭。

最多可在机器人控制系统中储存 16 个工具坐标系，使用某工具示教运行或编程调试时必须在操作界面中切换到相应的工具坐标系，如图 3-7 所示。

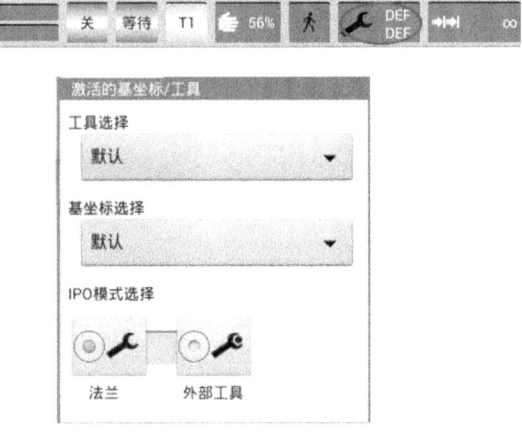

图 3-7　工具选择

3. 用六点标定法新建工具坐标系

六点标定法与四点标定法类似，不再赘述，新增两点可将工具的姿态标定出来，如图 3-8 所示。

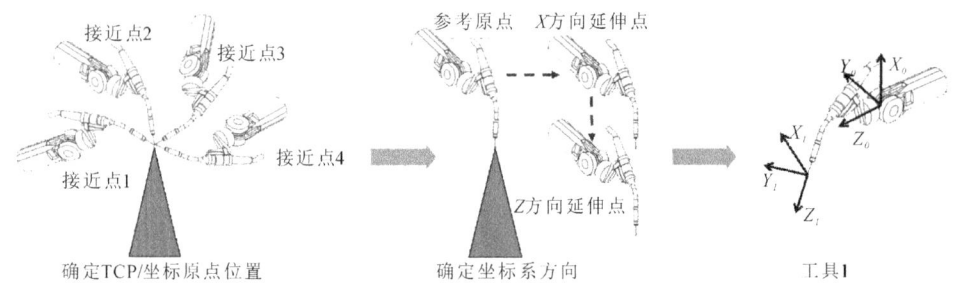

图 3-8　六点标定法示意图

标定完成的工具坐标系原点会保存到 TOOL 变量中，如图 3-9 所示。一共可新建 16 个工具坐标系。

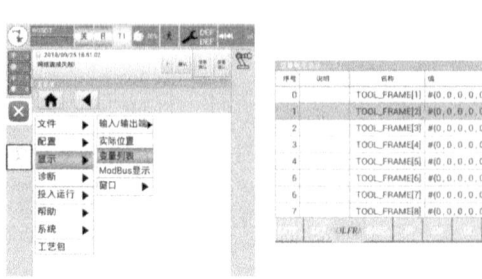

图 3-9　TOOL 变量

4. 其他说明

工具坐标系并非一定需要新建,当机器人运动轨迹中只考虑 X、Y、Z 方向的位置偏移而无须考虑姿态角度变化时,则无须新建工具坐标系。

二、工件坐标系

1. 默认工件坐标系

华数 Ⅱ 型工业机器人系统中,在名称上用基坐标系取代了 Ⅰ 型中的工件坐标系,但含义与之前一致。工件坐标系定义了工件相对于世界坐标系的位置。

初始状态中,世界坐标系、机器人默认坐标系、工件坐标系 0(基坐标系 0)相同,J_1 与 J_2 关节轴线的交点为世界坐标系原点。方向判定:人体朝向与机器人同方向,用右手定则(三指相互垂直,大拇指指向 Z 轴正方向,食指指向 X 轴正方向,中指指向 Y 轴正方向)判定。

2. 用三点标定法新建工件(基)坐标系

必须选择在默认基坐标下进行,采用三点标定法,通过记录原点、X 方向上某点、Y 方向上某点,重新设定新的工件(基)坐标系,如图 3-10 所示。

图 3-10　三点标定法

三点标定法的操作步骤如下。

(1)在菜单中选择"投入运行—测量—基坐标—3 点法"。

(2)选择待标定的基坐标号,可设置备注名称。

(3)移动到基坐标原点,记录原点坐标。

(4)移动到标定基坐标的 Y 方向的某点,记录坐标。

(5)移动到标定基坐标的 X 方向的某点,记录坐标。

(6)点击"标定",程序计算出标定坐标。

(7)点击"保存",存储坐标系的标定值。

(8)标定完成后,点击"运动到标定点",机器人可移动到标定坐标。

标定完成的坐标系原点会保存到 BASE 变量中,如图 3-11 所示。一共可新建 16 个工件(基)坐标系。

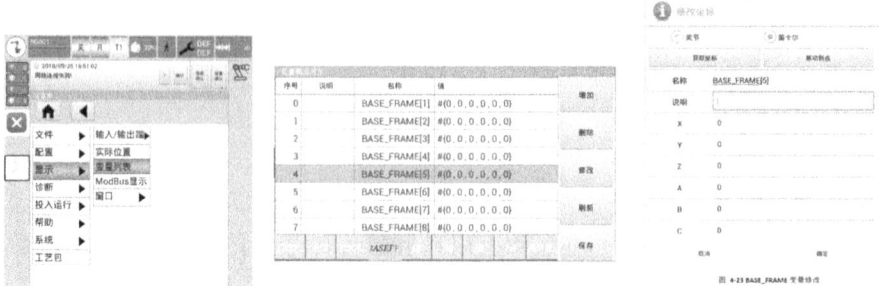

图 3-11　BASE 变量

3. 其他说明

当工件摆放位置与世界坐标系不平行，且机器人运动轨迹中有点位坐标需要通过偏移量计算得到时，可新建工件坐标系。若所有点位坐标都可通到示教得到，则不用新建工件坐标系。

任务二　码垛程序设计实例

任务说明

本任务主要介绍利用 HSR-612 机器人实现搬运 A 区的 6 个物料到 B 区，分两层码垛存放，并模拟工业实际需求，通过改变码放方式、工作台位置和考虑物料掉落情况等提升项目难度。

任务知识

一、码垛工艺

码垛机器人是在工业生产过程中执行大批量工件或包装件等货物的获取、搬运、码垛、拆垛等任务的一类工业机器人，是集机械、电子、信息、智能技术、计算机科学等学科技术于一体的高新机电产品。作为工业机器人的一员，码垛机器人的结构、形式与其他工业机器人类似，尤其是与搬运机器人在本体结构上并无太大区别。

由于码垛机器人在作业时需要操作较大的物体，在实际生产中码垛机器人多为四轴结构且带有辅助连杆，辅助连杆可以增大力矩，起平衡的作用。码垛机器人通常安装在物流线的末端。如图 3-12 所示为码垛机器人的两种工位布局。

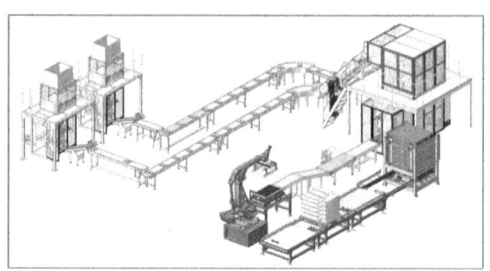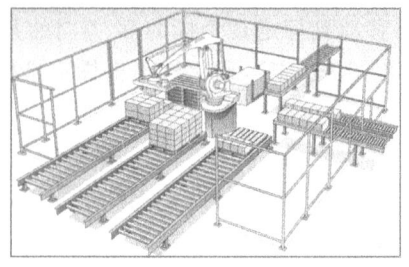

图 3-12　码垛机器人的工位布局

1.码垛要求

码垛是指将货物整齐、规则地摆放成货垛的作业。它根据货物的性质、形状、质量等因素,结合仓储条件,将货物码放成一定的货垛。

在码垛前要结合仓储条件做好准备工作,在分析货物的数量、包装、清洁程度、属性的基础上,遵循合理、整齐、节约、方便、牢固、定量等方面的基本要求,进行码放。

(1)合理。要求根据不同货物的品种、性质、规格、批次、等级及不同客户对货物的不同要求,分开堆放。货垛形式应以货物的性质为准,这样有利于货物的保管,能充分利用仓容和空间。货垛间距符合操作及防火安全的标准,大不压小,重不压轻,缓不压急,不围堵货物,特别是后进货物不堵先进货物,确保"先进先出"。

(2)整齐。货垛堆放整齐,垛形、垛高、垛距统一化和标准化,货垛上每件货物都尽量整齐码放,垛边横竖成列,垛不压线;货物外包装的标记和标志一律朝垛外。

(3)节约。尽可能堆高以节约仓容,提高仓库利用率;妥善组织安排,做到一次到位,避免重复劳动,节约成本;合理使用苫垫材料,避免浪费。

(4)方便。选用的垛形、尺度、堆垛方法应方便堆垛、装卸作业,提高作业效率;垛形方便理数、查验货物,方便通风、苫盖等保管作业。

(5)牢固。货垛稳定牢固,不偏不斜,必要时采用衬垫物料固定,一定不能损坏底层货物。货垛较高时,上部适当向内收小。易滚动的货物,使用木楔或三角木固定,必要时使用绳索、绳网对货垛进行绑扎固定。

(6)定量。每一货垛的货物数量保持一致,采用固定的长度和宽度,且为整数,如50袋成行;货量相同或以固定比例逐层递减,能做到过目知数。每垛的数字标记清楚,货垛牌或料卡填写完整,能够一目了然。

2.托盘码垛

托盘是用于集装、堆放、搬运和运输的放置作为单元负荷的货物的水平平台装置。在平台上集装一定数量的单件货物,并按要求捆扎加固,组成一个运输单位,便于运输过程中使用机械进行装卸、搬运和堆存。台面下部有供叉车插入并将台板托起的插入口。以这种结构为基础的台板和在台板基础上形成的各种集装器具统称为托盘。

1)托盘的主要优点

(1)搬运或出入库场都可用机械操作,减少货物码垛作业次数,从而有效提高运输效率,缩短货运时间。

(2)以托盘为运输单位,货运件数变少,而且每个托盘所装数量相等,既便于点数、理货交接,又可以减少货损、货差事故。

(3)自重小,因而可用于装卸、运输。托盘本身所消耗的劳动强度较小,无效运输及装卸负荷相对也比集装箱小。

(4)空返容易,空返时占用运力很少。由于托盘造价不高,又很容易互相代用,因此无须像集装箱那样必须有固定归属者。

2)托盘的主要缺点

(1)回收利用组织工作难度较大,会浪费一部分运力。

(2)托盘本身也占用一定的仓容空间。

3)托盘的分类

按托盘的结构分类,常见的托盘有平托盘、箱形托盘和柱形托盘。

（1）平托盘。平托盘由双层板或单层板另加底脚支撑构成，无上层装置，在承载面和支撑面间夹以纵梁，可以集装物料，也可以使用叉车或搬运车等进行作业。

（2）箱形托盘。箱形托盘以平托盘为底，上面有箱形装置，四壁围有网眼板或普通板，顶部可以有盖或无盖。它可用于存放形状不规则的物料。

（3）柱形托盘。柱形托盘是在平托盘基础上发展起来的，分为固定式（四角支柱与底盘固定联系在一起）和可拆装式两种。

4）托盘作业

（1）装盘码垛。

装盘码垛是指在托盘上装放同一形状的立体货物，可以采取各种交错咬合的办法码垛，这样可以保证托盘具有足够的稳定性，甚至不需要再用其他方式加固。

托盘上货物码放方式很多，如图 3-13 所示。

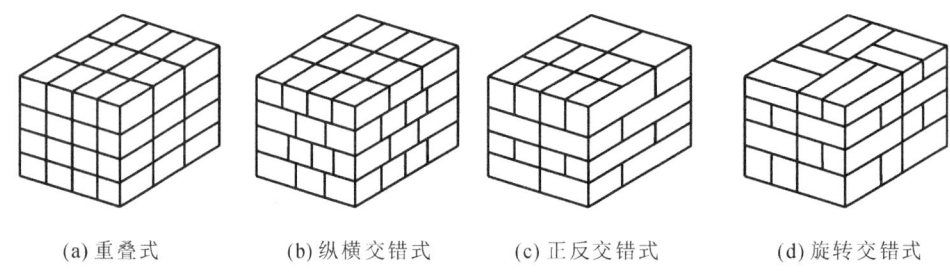

    (a) 重叠式   (b) 纵横交错式   (c) 正反交错式   (d) 旋转交错式

图 3-13　托盘码垛方式

① 重叠式。各层码放方式相同，上下对应。这种方式的优点是工具操作速度快，各层重叠之后，能承受较大的重量。这种方式的缺点是各层之间缺少咬合，稳定性差，容易发生塌垛。在货垛底面积较大的情况下，采用这种方式可有足够的稳定性。一般情况下，重叠式码放再配以各种紧固方式，不但能保持稳定，而且装卸操作也比较省力。

② 纵横交错式。相邻两层货物的摆放方向成 90°，一层横向放置，另一层纵向放置。尽管有一定的咬合效果，但咬合强度不高。这种方式装盘也较简单，如果配以托盘转向器，装完一层之后，转向器旋转 90°，只用同一装盘方式便可实现纵横交错装盘，劳动强度和重叠式相同。

③ 正反交错式。同一层中不同列的货物以 90°垂直码放，相邻两层的货物码放形式是某层是另一层旋转 180°的形式。这种方式类似于房屋建筑中砖的砌筑方式，不同层间咬合强度较高，相邻层之间不重缝，因而码放后稳定性很高，但操作比较麻烦，且货物之间不是垂直面互相承受荷载，所以下部易被压坏。

④ 旋转交错式。第一层相邻的货物单元间互成 90°，下一层的码放又旋转 180°。这样相邻两层之间咬合交叉，其优点是稳定性高，不易塌垛；其缺点是码垛难度较大，且中间形成空穴，会降低托盘装载能力。

（2）托盘的塌垛。

托盘的塌垛是物流过程中一个较大的问题。一旦塌垛，不但会造成货物损坏，而且还会破坏物流过程的贯通性，降低物流速度和物流效率。在物流过程中出现的塌垛大体有以下 4 种情况：

① 货垛倾斜。

② 货垛整体移位。

③ 货垛部分错位外移,部分落下。

④ 全面塌垛。

塌垛一方面是由运输工具、运输线路路况及意外事故等外部原因造成的;另一方面是由码放不当造成的。比较而言,在不发生特殊运输事故的情况下,码垛问题是决定是否发生塌垛的重要因素。另外,货物表面的材质也起一定的作用,表面摩擦力强的货物不容易发生塌垛。

(3) 托盘货垛的紧固。

托盘货垛的紧固是保证货垛稳固性、防止塌垛的重要手段。托盘货垛紧固方法有如下几种。

① 捆扎。用绳索、打包带等对托盘货垛进行捆扎以保证稳固性,捆扎方式有水平捆扎和垂直捆扎等。

② 网罩。用网罩盖住托盘货垛起到紧固的作用。这种方法较多地应用于航空托盘的加固。

③ 框架加固。框架加固是指用框架包围整个托盘货垛,再用打包带或绳索捆紧以起到稳固的作用。

④ 中间夹摩擦材料。将摩擦因数大的片状材料,如麻包片、纸板、泡沫塑料等夹入货物夹层间,起到加大摩擦力、防止层间滑动的作用。

⑤ 专用金属卡具加固。对于某些托盘货物,最上部如果可以伸入金属夹卡,则可以用夹卡将相邻的货物卡住,以便每层货物通过金属夹卡形成一个整体,防止个别货物分离滑落。

⑥ 黏合。黏合是指在每层货物之间贴上双面胶,将两层货物通过胶条黏合在起,这样便可防止货物在物流过程中从层间滑落。

⑦ 胶带黏扎。货垛用单面不干胶包装带黏捆,即使胶带部分损坏,由于全部贴于货物表面,也不会出现散捆。

⑧ 平托盘周边垫高。将平托盘周边稍稍垫高,托盘上放置的货物会向中心互相依靠,在物流中发生摇动、震动时,可防止层间滑动错位,防止货垛外倾,因而也会起到稳固的作用。

⑨ 收缩薄膜加固。收缩薄膜加固指将热缩塑料薄膜置于托盘货垛上,然后进行热缩处理,塑料薄膜收缩后,便将托盘货垛紧捆成一体。这种紧固方法不但能起到紧固、防止塌垛的作用,而且由于塑料薄膜不透水,还可起到防水、防雨的作用,有利于克服托盘货垛不能露天放置、需要仓库的缺点,可大大扩展托盘的应用领域。

⑩ 拉伸薄膜加固。拉伸薄膜是指用拉伸塑料薄膜缠绕捆扎货垛,外力消除后,拉伸塑料薄膜收缩,固紧托盘货垛。

二、码垛程序设计实例

1. 任务分析

本任务中,我们将使用 HSR-612 机器人实现码垛作业,将垛板上的 6 个物料搬运到指定的托盘模拟料仓上,按照两层重叠式摆放,如图 3-14 所示。

图 3-14　码垛示意图

　　码垛和搬运的工作过程基本一致,码垛就是多次有规律的搬运,本任务中需要搬运 6 个物料到指定位置,并且每一个物料的拾取点和放置点都有规律可循。在设计程序时,尽量减少示教点的个数,增强程序的结构化程度和可移植性。基于这个原则,我们可以只示教一个拾取点和一个放置点,其他点由示教点计算得到。

　　码垛任务的工作流程如图 3-15 所示。

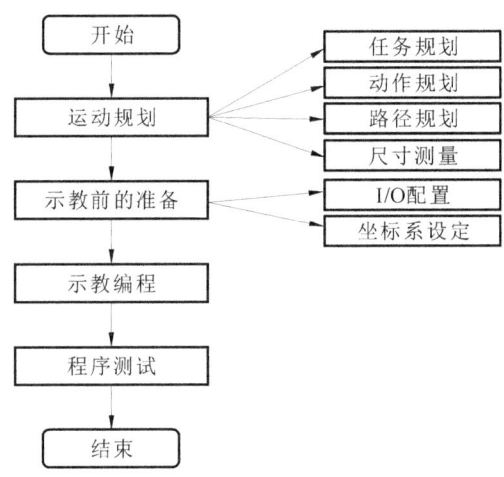

图 3-15　码垛任务的工作流程

2. 运动规划

1) 任务规划

机器人码垛运动就是搬运运动,只是拾取点和放置点位置每次发生变化,因此,码垛任务基本可分解为"计算拾取位置""拾取物料""计算放置位置"和"放置物料"一系列子任务,如图 3-16 所示。

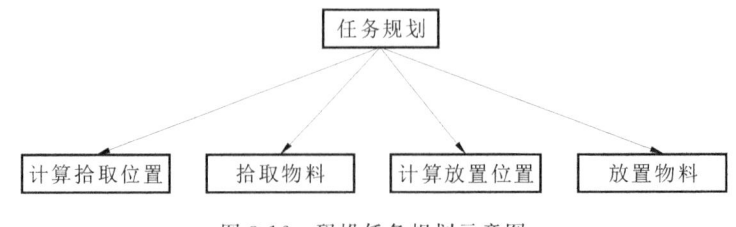

图 3-16　码垛任务规划示意图

2）动作规划

码垛动作可以分解为"数据初始化""拾取放置一个物料""计算下一个拾取、放置位置""计数"等，如图 3-17 所示。

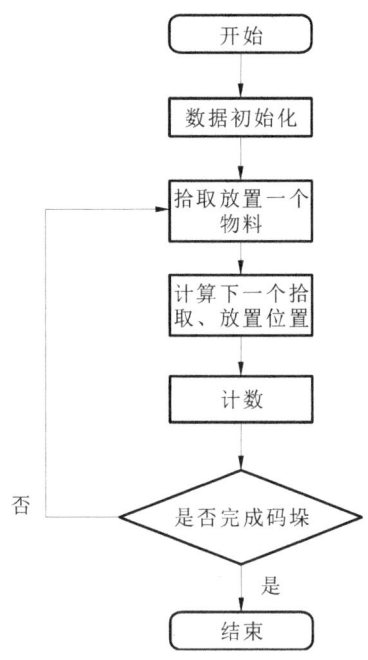

图 3-17　码垛动作循环流程示意图

3）路径规划

本码垛任务按照如图 3-18 所示的物料码放顺序和位置进行。码垛机器人运动路径为：零点—过渡点—循环 6 次{拾取点正上方—拾取点—拾取点正上方—放置点正上方—放置点—放置点正上方}—过渡点—零点。

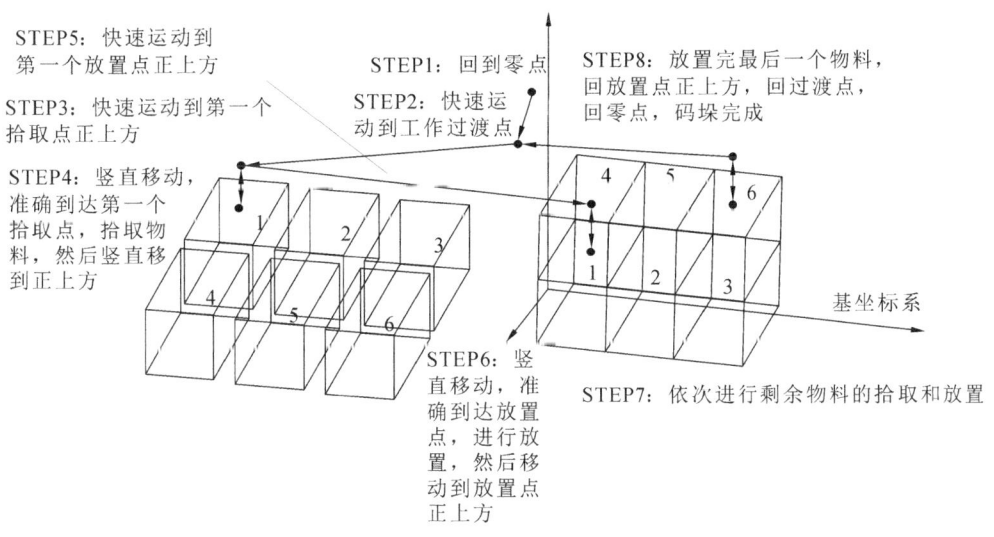

图 3-18　码垛路径规划示意图

由图可知：

① 拾取点位置规律：同一行的拾取点位置在 Y 轴上有固定偏移量；下一行的拾取点位

置在 X 轴上有固定偏移量。

② 放置点位置规律:同一行的放置点位置在 Y 轴上有固定偏移量;下一行的放置点位置在 Z 轴上有固定偏移量。

因此,只用示教第一个拾取点和放置点的位置坐标,其他点的位置均可计算得到。

4) 尺寸测量

物料尺寸及垛板间隔如图 3-19 所示。物料尺寸为 $108 \times 54 \times 35$,垛板间隔为 X 轴 122、Y 轴 64,单位均为 mm。

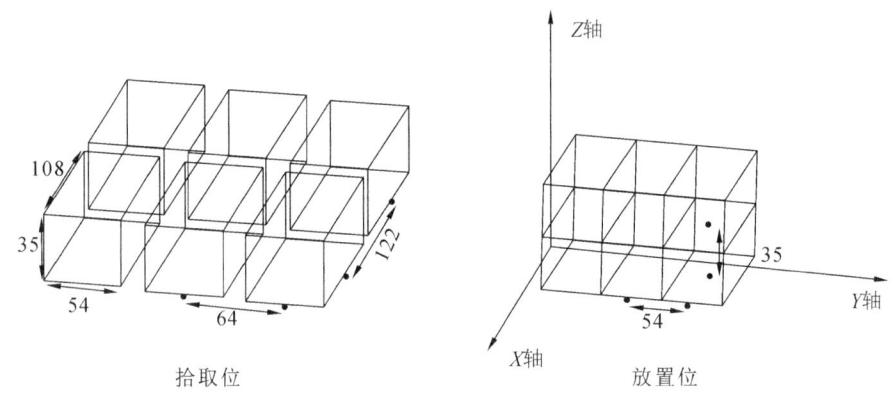

拾取位　　　　　　　　　　　　放置位

图 3-19　尺寸示意图(单位:mm)

3. 示教前的准备

1) I/O 配置

本任务通过吸盘来吸取物料。吸盘的打开与关闭需要通过 I/O 信号控制。HSR-612 机器人控制系统提供了完备的 I/O 通信接口,可以方便地与周边设备进行通信。

机器人控制系统提供的常用 I/O 信号有输入信号 X(共 48 点,分 6 组)和输出信号 Y(共 32 点,分 4 组)。其中,16 个输入点为 24V 电压输入(输入模块为 P 标识的模块),另外的 32 个输入点为 −24V 电压输入。

I/O 配置主要是对这些输入/输出状态进行管理和设置,在工程应用中可依据现场情况进行设计和编程。本任务使用的机器人的吸盘的 I/O 配置如表 3-1 所示。

表 3-1　吸盘的 I/O 配置

序号	PLC 地址	状态	符号说明
1	Y[2.1]/D_OUT[18]	ON/OFF	控制吸盘吸气
2	X[2.2]/D_IN[19]	ON/OFF	物料吸紧到位检测

2) 坐标系设定

本任务的拾取点和放置点(包括其正上方的点)点位只有第一个需示教,其他均在 X、Y、Z 方向上偏移得到,整个工作过程中没有角度姿态的改变,可不另建工具坐标系。

当物料所在的垛板和料仓与世界坐标系平行时,可不用另建工件(基)坐标系。若物料所在的垛板和料仓与世界坐标系不平行,则需要新建工件(基)坐标系,这在本任务的难度提升阶段会介绍。

因此,本任务使用默认世界坐标系,不新建工具坐标系和工件坐标系。

4. 示教编程

1）变量说明

由之前的运动路径规划可知,本任务需要示教的点位有 3 个:过渡点、第一个拾取点和第一个放置点。除过渡点定义为 JR 类型以确保机器人到点的姿态,其他均为 LR 类型,可直接根据偏移量计算。

过渡点的作用通常有两种:

① 作为安全点,防止运动过程中发生碰撞;

② 控制机器人姿态,防止运动中自动计算路径无解报错。

由于本任务需要码放 6 个物料,因此将一个物料的码放作为子程序,其中的拾取点和放置点的位置坐标每次发生变化,需要另设变量。

各偏移量直接输入得到,在程序中直接根据位置加减即可。具体变量说明如表 3-2 所示。

表 3-2 变量说明

序号	变量	说明	数值
1	JR[0]	零点	固定手动输入
2	JR[2]	过渡点	示教得到
3	LR[150]	第一个拾取点	示教得到
4	LR[151]	子程序中拾取点	每次发生变化
5	LR[152]	子程序中放置点	每次发生变化
6	LR[153]	第一个放置点	示教得到
7	LR[147]	拾取点/放置点上方增量	0,0,100,0,0,0
8	LR[148]	拾取点 Y 轴方向的增量	0,64,0,0,0,0
9	LR[149]	拾取点 X 轴方向的增量	122,0,0,0,0,0
10	LR[154]	放置点 Y 轴方向的增量	0,54,0,0,0,0
11	LR[156]	放置点 Z 轴方向的增量	0,0,35,0,0,0

2）指令系统

在本任务框程序中需要用到的指令有:运动指令、延时指令、条件指令、I/O 指令、循环指令、寄存器指令、选择指令、速度指令、坐标系切换指令、流程指令。运动指令、延时指令、I/O 指令较简单,上一个项目搬运实例中已经讲过,不再赘述。下面着重介绍循环指令、寄存器指令、选择指令、速度指令、流程指令和坐标系切换指令在本任务程序中的使用方法。

（1）循环指令。

新建主程序时,华数Ⅱ型工业机器人系统会自动写好一些常用程序指令,包括一个条件恒为真的无限循环,如图 3-20(a)中 5～10 行所示。

WHILE 后接循环执行的条件,条件成立（真）循环才执行。END WHILE 为循环结束标志。二者之间的所有语句为循环体,即循环每次执行的所有操作。

自主编程时往往需要控制循环执行有限次,比如本次码垛任务需要码放 6 个物料,常规操作是设置一个整型寄存器控制循环执行的次数,在循环开始之前给该寄存器赋初值,然后循环每执行一次该寄存器加上固定步长的增量,通过判断寄存器的值是否满足条件来决定循环是否继续执行,如图 3-20(b)中 5~12 行所示。

该整型寄存器的作用是控制循环次数,其初值、步长增量、循环条件可以任意设置,只要循环次数固定即可,如图 3-20(c)中 5~12 行所示。

(a) 无限循环

(b) 循环执行6次

(c) 循环次数固定即可

图 3-20 循环指令

（2）寄存器指令。

华数Ⅱ型工业机器人系统中寄存器指令如图 3-21 所示,本任务使用整型寄存器 IR 控制循环次数,使用位置寄存器 LR 通过偏移量计算得到下一个拾取点和放置点坐标。对应指令操作如图 3-22 所示。注意手动输入时所有符号均为英文输入法状态下的符号。

图 3-21 寄存器指令

图 3-22 对应指令操作

（3）选择指令。

华数Ⅱ型工业机器人系统中的选择指令由 IF 来实现,IF 和 END IF 必须配对使用,选择结构中根据编程需要可加 ELSE,也可不加。选择结构流程如图 3-23 所示,选择指令的操作如图 3-24 所示。

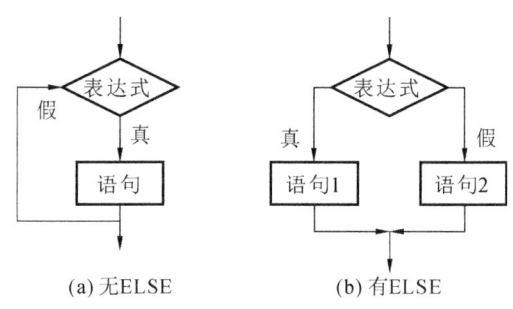

图 3-23 选择结构流程

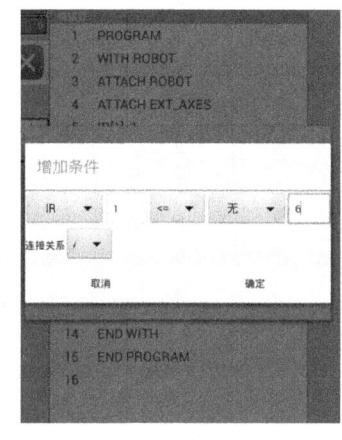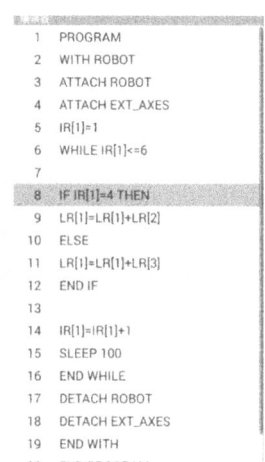

图 3-24 选择指令操作示意图

（4）速度指令。

在机器人搬运物料过程中，移动物料的时候需要减速，在夹具空置状态下可以加速，因此需要用到速度指令。

改变速度有两种方法：① 在运动指令中添加参数设置，如图 3-25 所示；② 在程序中使用独立的速度指令，如图 3-26 所示。两种方法都可以直接指定机器人的移动速度，区别在于：运动指令中的参数只对本条运动指令有效，独立的速度指令从执行本指令开始对后面所有运动指令均有效。

VCRUISE 对所有 MOVE 有效，VTRAN 对所有 MOVES 有效。

图 3-25 在 MOVE 和 MOVES 指令中设置速度

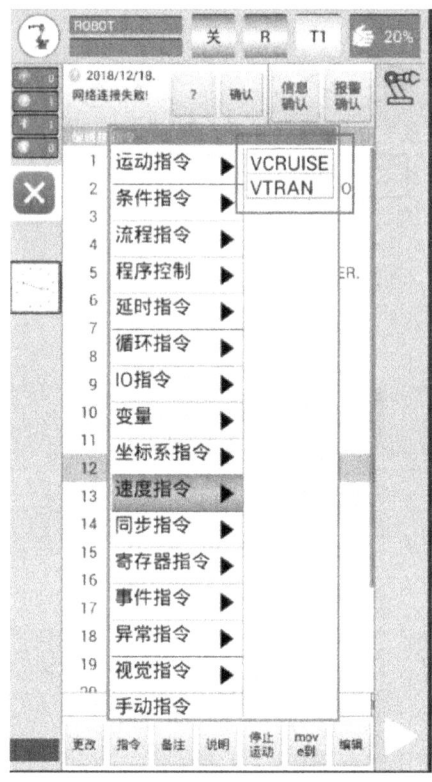

图 3-26　在程序中单独设置速度

（5）坐标系切换指令。

标定了新的坐标系后，手动操作机器人时可直接在示教器上切换坐标系，如 3-27（a）所示。在程序运行过程中要切换坐标系，就要使用坐标系切换（调用）指令，如 3-27（b）所示。

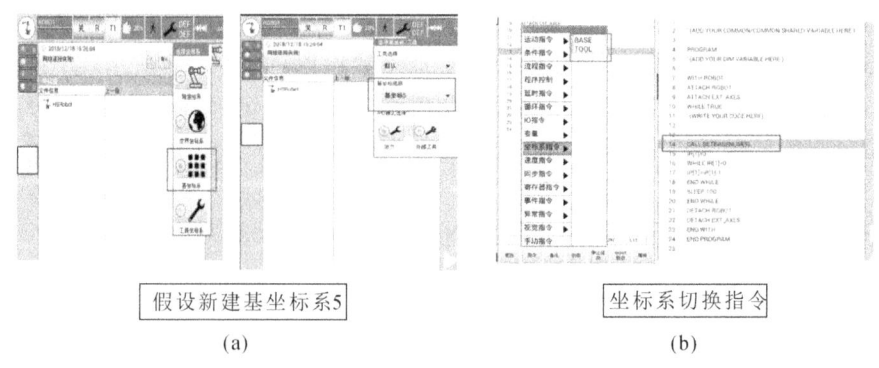

假设新建基坐标系5	坐标系切换指令
（a）	（b）

图 3-27　坐标系切换

（6）流程指令。

在设计程序时，若将所有指令都写在主程序中，会增加幅度、降低可读性，也不方便查错。通常从结构化程序设计的理念出发，将完成某一特定功能的指令单独拿出来做成一个子程序，在主程序中直接调用即可。子程序分为独立文件和非独立文件两种，还可分为有返回值和没有返回值两种。本任务使用无返回值、与主程序同属一个文件的子程序。如图 3-28 所示，还可将 GOTO 与 LABEL 连用实现程序流程跳转，本功能在难度提升部分介绍。

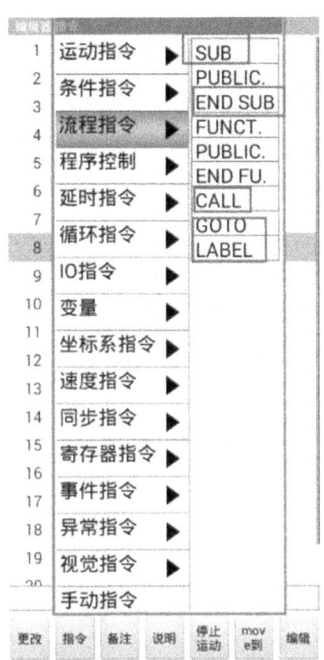

图 3-28 流程指令

调用子程序实现搬运的参考程序如下。

```
   PROGRAM                        '主程序开始
   ......
1  WHILE TURE                     '循环开始(无休止执行)
2  MOVE ROBOT   JR[1]             '移动到过渡点
3  CALL BANYUN1                   '调用子函数
4  SLEEP 1000                     '休眠 1000 ms
5  END WHILE                      '循环结束
   ......
   END PROGRAM                    '主程序结束
6  SUB BANYUN1                    '定义子函数
7  MOVE ROBOT LR[2]+ LR[1]        '移动到拾取点正上方
8  MOVES ROBOT LR[2]              '移动到拾取点
9  DELAY ROBOT   1000             '延时 1000 ms
10 D_OUT[25]= ON                  '夹紧
11 DELAY ROBOT   1000             '延时 1000 ms
12 MOVES ROBOT LR[2]+ LR[1]       '移动到拾取点正上方
13 MOVE ROBOT LR[3]+ LR[1]        '移动到放置点正上方
14 MOVES ROBOT LR[3]              '移动到放置点
15 DELAY ROBOT   1000             '延时 1000 ms
16 D_OUT[25]= OFF                 '松开
17 DELAY ROBOT   1000             '延时 1000 ms
18 MOVES ROBOT LR[3]+ LR[1]       '移动到放置点正上方
19 MOVE ROBOT   JR[1]             '移动到过渡点
20 END SUB                        '子程序结束
```

3）编写程序

本任务中需要搬运 6 个物料到指定位置,并且每一个物料的拾取点和放置点都有规律可循。因此,在程序设计时,尽量减少示教点的个数,同时为了增强程序的结构性,将码放一个物料的操作提出来设为子程序,主程序循环 6 次调用;为了实现可移植性,将所有的偏移量作为已知变量手动赋值,根据码放方式的不同,直接改变计算公式即可。

程序设计思路如下。

（1）设计一个主程序和一个子程序,子程序完成一个物料的拾取和放置。

（2）主程序中设置一个执行 6 次的循环,循环每执行 1 次完成以下 4 步:① 调用子程序;② 计算下一个拾取点和放置点位置坐标;③ 计数加 1;④ 如果是第 4 个物料,计算公式变更。

（3）机器人动作前所有变量和 I/O 信号初始化。

参考程序如下。

```
PROGRAM                              '6个物料码两层
WITH ROBOT
ATTACH ROBOT
ATTACH EXT_AXES
D_OUT[18]= OFF                       '吸盘初始化
IR[1]= 1                             '循环变量赋初值
LR[151]= LR[150]                     '第一个拾取点赋值给子程序中拾取点
LR[152]= LR[153]                     '第一个放置点赋值给子程序中放置点
MOVE ROBOT   JR[1]                   '零点
MOVE ROBOT   JR[2]                   '过渡点
WHILE IR[1]< = 6                     '循环执行 6 次
CALL ONE                             '调用子程序完成一次拾取与放置
LR[151]= LR[151]+ LR[148]            '计算下一个拾取点
LR[152]= LR[152]+ LR[154]            '计算下一个放置点
IR[1]= IR[1]+ 1                      '循环变量加 1
IF IR[1]= 4 THEN                     '如果下一个物料是第 4 个物料
LR[151]= LR[150]+ LR[149]            '计算第 4 个拾取点
LR[152]= LR[153]+ LR[156]            '计算第 4 个放置点
END IF                               '条件结束
SLEEP 1000
END WHILE                            '循环结束
MOVE ROBOT   JR[2]                   '过渡点
MOVE ROBOT   JR[1]
DETACH ROBOT
DETACH EXT_AXES
END WITH
END PROGRAM

SUB ONE                              '子程序
MOVE ROBOT   LR[151]+ LR[147]        '拾取点正上方
MOVES ROBOT   LR[151]                '拾取点
```

```
DELAY ROBOT 1000
D_OUT[18]= ON                                      '吸盘开
DELAY ROBOT 1000
MOVES ROBOT   LR[151]+ LR[147] VTRAN= 100          '拾取点正上方,速度设定
MOVE ROBOT    LR[152]+ LR[147] VCRUISE= 80         '放置点正上方
MOVES ROBOT   LR[152] VTRAN= 100                   '放置点
DELAY ROBOT 1000
D_OUT[18]= OFF                                      '吸盘关
DELAY ROBOT 1000
MOVES ROBOT   LR[152]+ LR[147]                     '放置点正上方
END SUB
```

4)示教目标点

示教 4 个点:零点 JR[1]〈0,−90,180,0,90,0〉、过渡点 JR[2]、拾取点 LR[50]、放置点 LR[53],如图 3-29 所示。

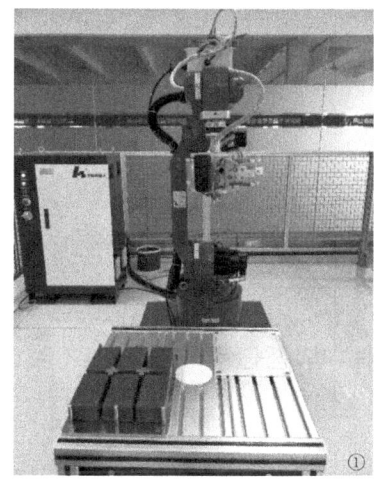
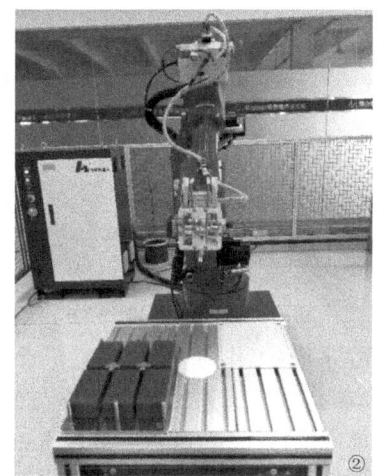
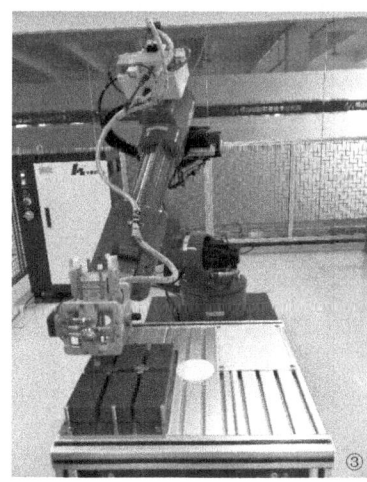
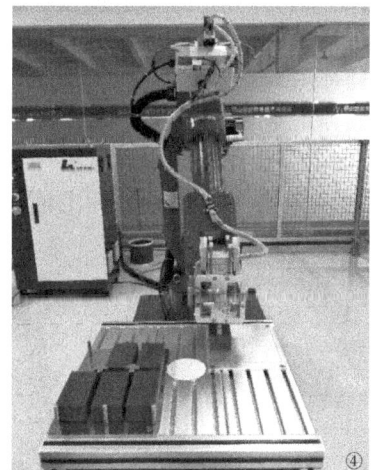

图 3-29 示教目标点

5)调试程序

在首次运行程序之前,应先检查程序,确保无语法错误再加载程序,调试前检查夹具的

状态、机器人的位置,首次调试时应采用手动 T1 单步模式,建议速度倍率不超过 10%,若调试通过再使用手动连续和自动模式。初次调试可不放物料,夹具空运行观察逻辑和运动轨迹是否正确,以防撞机。

5. 程序优化

在实际的码垛工作中,垛板和料仓的位置不一定和世界坐标系一致,此时,要用偏移量来计算点位,需要新建工件(基)坐标系;并且,在前面的程序中并没有考虑工作过程中物料掉落的情况。因此,从以上两个方面来考虑,对码垛任务的程序做进一步的优化。

1)新建工件(基)坐标系

改变工作台位置,使其与世界坐标系不平行,模拟实际码垛场景,如图 3-30 所示。

图 3-30　工作台位置示意图

以物料所在平面(工作台平面)新建一个工件(基)坐标系,为了尽量不修改程序中的各方向增量符号,新建的坐标系的各正方向与原基坐标系保持统一,步骤如下。

(1)在菜单中选择"投入运行—测量—基坐标—3 点法"。

(2)选择待标定的基坐标号,可设置备注名称。

(3)移动到基坐标原点,记录原点坐标。

(4)移动到标定基坐标的 Y 方向的某点,记录坐标。

(5)移动到标定基坐标的 X 方向的某点,记录坐标。

(6)点击"标定",程序计算出标定坐标。

(7)点击"保存",存储基坐标的标定值。

实际操作如图 3-31 所示。

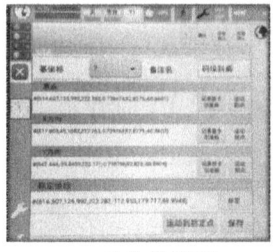 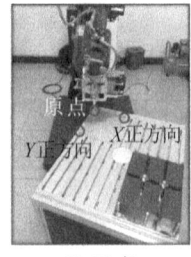 

(a)示教器界面　　　　　　(b)三点　　　　　　(c)对点示意图

图 3-31　新建工件(基)坐标系

2）考虑物料掉落情况

增加功能：若码垛过程中物料掉落，则机器人回过渡点，再回零点。

方法如下。

（1）用 IF 语句检测 D_IN[19]的状态，若 D_IN[19]＝OFF，则物料掉落。

（2）需要检测物料是否掉落的阶段：从吸起物料回拾取点正上方到放置点上方的过程。

（3）用设标志变量和跳转标签的方法来实现。

优化的参考程序如下。

```
P ROGRAM                        '6个物料码两层,掉落后机器人回零点
WITH ROBOT
ATTACH ROBOT
ATTACH EXT_AXES
D_OUT[18]= OFF                  '吸盘初始化
IR[1]= 1                        '循环变量赋初值
IR[2]= 1                        '标志变量赋初值
LR[151]= LR[150]                '第一个拾取点赋值给子程序中拾取点
LR[152]= LR[153]                '第一个放置点赋值给子程序中放置点
CALL SETBASENUM( 7)
MOVE ROBOT   JR[1]              '零点
MOVE ROBOT   JR[2]              '过渡点
WHILE IR[1]< = 6                '循环执行 6 次
CALL ONE                        '调用子程序完成一次拾取放置
IF IR[2]= 3 THEN                '标志变量为 3 说明物料掉落,跳转到 LABEL1
GOTO   LABEL1
END IF
LR[151]= LR[151]+ LR[148]       '计算下一个拾取点
LR[152]= LR[152]+ LR[154]       '计算下一个放置点
IR[1]= IR[1]+ 1                 '循环变量加 1
IF IR[1]= 4 THEN                '如果下一个物料是第 4 个物料
LR[151]= LR[150]+ LR[149]       '计算第 4 个拾取点
LR[152]= LR[153]+ LR[156]       '计算第 4 个放置点
END IF                          '条件结束
SLEEP 1000
END WHILE                       '循环结束

LABEL1:
D_OUT[18]= OFF                  '吸盘初始化
MOVE ROBOT   JR[2]              '过渡点
MOVE ROBOT   JR[1]
DETACH ROBOT
DETACH EXT_AXES
END WITH
END PROGRAM
```

```
SUB ONE                                          '子程序
MOVE ROBOT   LR[151]+ LR[147]                    '拾取点正上方
MOVES ROBOT   LR[151]                            '拾取点
DELAY ROBOT 1000
D_OUT[18]= ON                                    '吸盘开
MOVES ROBOT   LR[151]+ LR[147] VTRAN= 100        '拾取点正上方,速度设定
IF D_IN[19]= OFF THEN                            '如果物料掉落,标志变量赋 3,跳转到 LABEL2
IR[2]= 3
GOTO   LABEL2
END IF
MOVE ROBOT   LR[152]+ LR[147] VCRUISE= 80        '放置点正上方
IF D_IN[19]= OFF THEN                            '如果物料掉落,标志变量赋 3,跳转到 LABEL2
IR[2]= 3
GOTO   LABEL2
END IF
MOVES ROBOT   LR[152] VTRAN= 100                 '放置点
DELAY ROBOT 1000
D_OUT[18]= OFF                                   '吸盘关
DELAY ROBOT 1000
MOVES ROBOT   LR[152]+ LR[147]                   '放置点正上方

LABEL2:
END SUB
```

项目小结

本项目用 HSR-612 机器人,实现了 6 轴机器人码垛的工作任务。本项目主要介绍了码垛基本工艺、坐标系的标定、示教编程调试的基本流程、循环子程序调用的方法以及一些基本指令。讲解码垛任务程序设计时,从实际应用出发,进一步优化了程序。

思考与练习

一、填空题

1. 机器人校零时,在手动模式下控制机器人各关节轴移动至标准零点姿态,然后在校准界面中输入各关节轴的零点值,HSR-612 机器人正确的零点坐标是_____。

2. 装盘码垛是指在托盘上装放同一形状的立体货物,托盘上货物的码放方式主要有_____、_____、_____和_____。

3. 下列指令实现循环执行 5 次,请将程序指令补全。

```
IR[1]= 5
WHILE _____
CALL abc
IR[1]= IR[1]-1
END WHILE
```

4. 工具坐标系标定的方法有_____和_____。

5.新标定的工具坐标系的坐标值保存在_____变量中。

二、编程题

1.编写调试程序,完成 6 个物料的重叠式码垛,如图 3-32 所示。

图 3-32　重叠式码垛

2.编写调试程序,完成 6 个物料的纵横交错式码垛。垛板处 6 个物料的位置与上题相同,料仓区每层码放方向交错 90°,如图 3-33 所示。

图 3-33　纵横交错式码垛

项目四　华数Ⅱ型工业机器人弧焊操作与编程

　　焊接是一种工作环境恶劣、工作强度大、对工作熟练程度要求高,且会对操作人员产生潜在危害的工作。随着科技发展,焊接机器人的出现极大地降低了人工焊接成本,改善了工人的工作环境,提高了焊接生产效率,并逐步稳定和保证了产品的质量,降低了对工人操作技能的要求。

　　本项目主要介绍弧焊相关基础知识和华数Ⅱ型工业机器人弧焊操作与编程的方法。通过本项目的学习,学生应熟悉弧焊基础知识、华数Ⅱ型工业机器人弧焊参数的设置等内容,学会工具坐标系的设置、弧焊指令的使用及其示教编程等方法。

知识目标

(1) 熟悉弧焊基础知识、工业机器人弧焊系统的组成及各个部件的作用。
(2) 熟悉工业机器人弧焊编程指令格式、编程方法。

能力目标

(1) 能根据焊接任务进行工业机器人的运动规划。
(2) 熟练掌握华数Ⅱ型工业机器人工具坐标系的六点标定法。
(3) 能灵活运用工业机器人的相关编程指令,完成弧焊示教编程。

情感目标

(1) 培养学生对工业机器人操作与编程的兴趣。
(2) 培养学生严谨认真、规范操作的意识。

任务一　弧焊参数的选择、工具坐标系的标定

任务说明

　　弧焊机器人是特殊定制、专门从事焊接工作的工业机器人。在对工业机器人进行弧焊程序示教编程之前,需要熟悉焊接工艺等相关知识,例如弧焊参数、工具坐标系和工件坐标系等,以设定编程环境。本任务介绍焊接相关基础知识,使学生对焊接工艺、焊接参数进行深入了解;介绍华数Ⅱ型工业机器人弧焊系统参数设置、工具坐标系的标定方法,使学生熟悉编程环境。

任务知识

一、焊接基础知识概述

　　焊接是两种或两种以上的同种或异种材料通过原子或分子之间的结合和扩散而连接成一

体的工艺过程。焊接作为与制造业密切相关的重要生产方式之一,随着工业生产的现代化发展,其自动化与智能化技术逐渐得以推广。其中,弧焊机器人也得到了越来越广泛的应用。

1.焊接方法分类

目前,基本焊接方法的分类甚多。按焊接过程特点可将其分为熔焊、压焊和钎焊三大类。每大类又按不同的方法细分为若干小类,如图 4-1 所示。

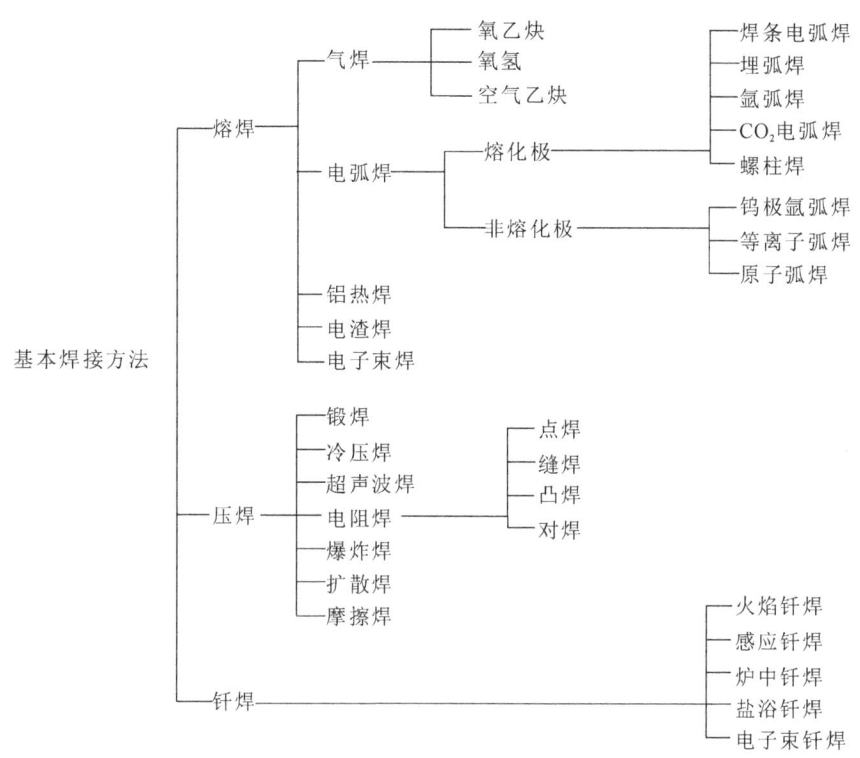

图 4-1　基本焊接方法的分类

熔焊指利用局部热源将焊件的接合处及填充金属材料(有时不用填充金属材料)熔化,不加压力而互相熔合,冷却凝固后形成牢固的接头,如气焊、电弧焊、电渣焊等都属于这一类。

机器人电弧焊中,熔化极气体保护焊常用的焊接方法有熔化极活性混合气体保护焊(MAG 焊)、熔化极惰性气体保护焊(MIG 焊)和 CO_2 气体保护焊等。

熔化极气体保护焊是采用惰性、活性气体或混合气体作为保护气,使用焊丝作为熔化电极的一种电弧焊方法。这种方法通常用二氧化碳、氩气、氦气或它们的混合气体作为保护气,连续送进的焊丝既作为电极又作为填充金属,在焊接过程中焊丝不断熔化并过渡到熔池中而形成焊缝。CO_2 气体保护焊由于成本低、焊缝质量比较好,在焊接结构生产中,特别是在普通碳钢材料的焊接中应用广泛。本项目以 CO_2 气体保护焊为例介绍华数Ⅱ型工业机器人弧焊示教编程。

CO_2 气体保护焊的基本原理如图 4-2 所示。

焊丝经导电嘴导电,在 CO_2 气氛中与母材之

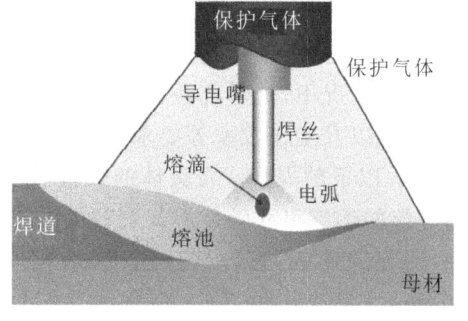

图 4-2　CO_2 气体保护焊基本原理示意图

间产生电弧,为焊接提供电弧热。CO_2气体在工作时通过焊枪导电嘴沿着焊丝周围喷射出来,在电弧周围形成局部的气体保护层,使熔滴和熔池与空气隔离开,形成保护。

2. 常用弧焊焊接工艺

由于焊件的厚度、结构及使用要求不同,焊接工艺要求的接头型式及坡口形式也不同。

1) 焊接板厚及接头型式

焊接接头是采用焊接工艺形成的不可拆卸的连接接头。它由焊缝、熔合线(区)、热影响区及其邻近的母材组成。在CO_2气体保护焊中,由于焊件厚度、结构及使用要求不同,其接头型式及坡口形式也不相同。焊接接头的型式有多种,其中主要的基本型式可分为对接接头、T形接头、角接接头、搭接接头,如图4-3所示。有时焊接结构中还有其他接头型式,如十字接头、端接接头、斜对接接头、锁底对接接头等。

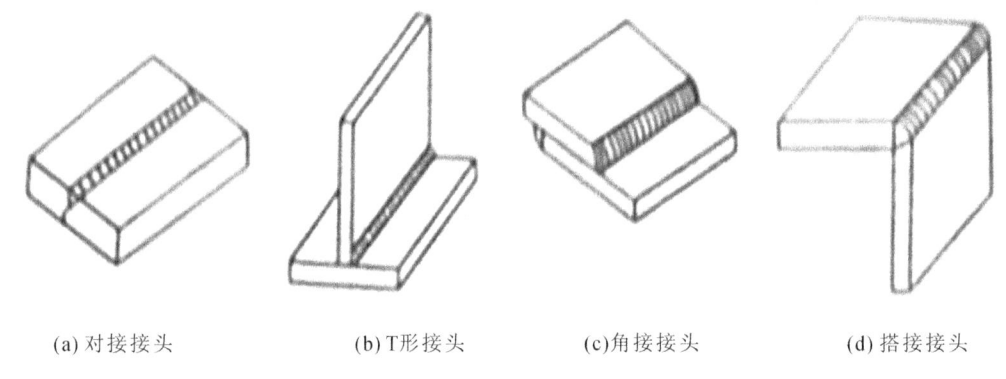

(a) 对接接头　　　　(b) T形接头　　　　(c) 角接接头　　　　(d) 搭接接头

图 4-3　焊接接头基本型式

两焊件端面相对平行的接头称为对接接头。对接接头是焊接中采用最多的一种接头型式。根据焊件的厚度、焊接方法和坡口准备的不同,对接接头可分为开坡口和不开坡口两种。

两焊件部分重叠构成的接头称为搭接接头。不开坡口的搭接接头,一般用于厚度在12 mm以下的钢板。在汽车结构件生产中,对板厚多为3 mm以下的钣金件而言,搭接接头为其常用的接头型式。

2) 影响CO_2气体保护焊的主要工艺参数

在使用CO_2气体保护焊时,合理地选择焊接工艺参数是保证焊缝质量、提高生产效率的重要条件。CO_2气体保护焊的主要工艺参数包括:焊丝直径焊接电流、焊接电压、焊接速度、焊丝伸出长度、CO_2气体流量、焊枪倾角、电源极性、电弧对中位置、喷嘴高度等。工艺参数选择的主要根据是工件焊缝形式和钢板厚度。

(1) 焊丝直径。

通常情况下,焊丝直径越大,允许使用的焊接电流就越大。焊丝直径根据焊件的厚度、施焊位置以及工作效率等要求来选择。焊接薄板或中厚板的立、横、仰焊缝时,多采用直径1.6 mm以下的焊丝。在具体的焊接过程中,焊丝直径的选择可参考表4-1。焊接电流相同时,焊缝的熔深尺寸随着焊丝直径的减小而增大。焊接电流不变,焊丝直径对焊丝的熔化速度有明显的影响,焊丝直径越小,熔化速度越大。目前,普遍采用的焊丝直径有0.8 mm、1.0 mm、1.2 mm和1.6 mm等。

表 4-1　焊丝直径的选择

焊丝直径/mm	焊件厚度	施焊位置	熔滴过渡形式
0.8	1～3 mm	各种位置	短路过渡
1.0	1.5～6 mm	各种位置	短路过渡
1.2	2～12 mm	各种位置	短路过渡
	中厚	平焊、平角焊	细颗粒过渡
1.6	6～25 mm	各种位置	短路过渡
	中厚	平焊、平角焊	细颗粒过渡
2.0	中厚	平焊、平角焊	细颗粒过渡

（2）焊接电流。

焊接电流是 CO_2 气体保护焊工艺参数中的重要参数之一。应根据焊件厚度、材质、焊丝直径、施焊位置及要求的熔滴过渡形式来选择焊接电流的大小。对于薄板及中厚板的全位置焊接，应选用短路过渡对应的焊接电流；对于厚板水平位置焊接，应选用细颗粒过渡或射流过渡对应的焊接电流。

焊丝直径与焊接电流的关系如表 4-2 所示。每种直径的焊丝都有一个合适的电流范围。只有在这个范围内，焊接过程中熔滴过渡才能保持稳定进行。通常，直径为 0.8～1.6 mm 的焊丝，短路过渡对应的焊接电流为 40～230 A，细颗粒过渡对应的焊接电流为 250～500 A。

焊接电流对焊缝成形，特别是对熔深有决定性影响。随着焊接电流的增大，熔深略有增大，焊缝余高有所增大。焊接电流过大时，容易引起烧穿、焊漏和裂纹等缺陷，而且焊件的变形大，焊接过程中飞溅很大；而焊接电流过小时，容易产生未焊透、未熔合和夹渣等缺陷，产生焊缝成形不良等现象。通常在保证焊透、成形良好的条件下，尽可能采用大的焊接电流，以提高生产效率。

表 4-2　焊丝直径与焊接电流的关系

焊丝直径/mm	焊接电流/A
0.8	40～100
1.0	80～250
1.2	110～350
1.6	≥300

（3）焊接电压。

焊接电压即电弧电压，是指从导电嘴到焊件间的电压，是焊接的重要参数之一。焊接电压偏高时，弧长过长，飞溅颗粒变大，容易产生气孔，同时焊道变宽，熔深和余高变小；电压偏低时，焊丝焊道变窄，熔深和余高变大。为保证焊缝成形良好，焊接电压与焊接电流必须匹配适当。通常焊接电流小时，焊接电压低；焊接电流大时，焊接电压相对高。焊接电流与焊接电压匹配是否适当，应根据焊接前试焊时发出的声音，观察焊缝成形、飞溅大小来判断并进行修正。试焊时飞溅较小，声音柔和，熔滴过渡过程中发出的声音均匀、有规律，且焊缝成形良好，说明焊接电流和焊接电压匹配，否则，应重新调整。

（4）焊接速度。

焊接速度是重要的工艺参数之一。焊接时电弧将熔化金属吹开,在电弧下形成一个凹坑,将熔化的焊丝金属填充进去。若焊接速度太大,凹坑不能完全被填满,将产生咬边、下陷或未熔合等缺陷,或由于保护气体效果破坏,产生气孔;若焊接速度太小,熔化金属堆积在电弧下方,熔深减小,容易导致焊缝成形质量差,甚至出现未熔合、未焊透等缺陷,生产效率降低,焊接变形还会增大。在焊丝直径、焊接电流、焊接电压不变的条件下,焊接速度增大,则焊道变窄,熔深减小。一般机器人自动焊接时,直径 1.0 mm 的焊丝通常使用的焊接速度为 15～40 cm/min。

（5）焊丝伸出长度。

焊丝伸出长度是指从导电嘴端部到焊丝端头的距离,又称干伸长。保持焊丝伸出长度不变是保证焊接过程稳定的基本条件之一。当焊接电流小于 300A 时,合适的焊丝伸出长度为焊丝直径的 10～15 倍。焊丝伸出长度过大时,气体保护效果不好,易产生气孔,且引弧性能差、电弧不稳,容易导致飞溅加大,熔深变小,成形质量差。焊丝伸出长度过小时,看不清电弧,不利于检测观察,喷嘴易被飞溅物堵塞,焊丝也易与导电嘴粘连。焊丝伸出长度不是独立的焊接工艺参数,通常根据焊接电流和保护气量来确定。

（6）CO_2 气体流量。

CO_2 气体保护焊时,气体保护效果不好,将产生气孔,甚至使焊缝成形质量变差。CO_2气体流量应根据焊缝区的保护效果来选取。流量的大小取决于接头型式、焊接工艺参数以及作业环境等因素。过大或过小的气体流量均影响保护效果,使焊缝产生缺陷。通常,采用直径小于 1.6mm 的焊丝焊接时,CO_2 气体流量为 5～15 L/min;粗丝焊接时,CO_2 气体流量约为 20 L/min。

保护效果并不是流量越大越好,当保护气体流量超过临界值时,从喷嘴中喷出的气流会由层流变成紊流,容易将空气卷入气体保护区,降低保护效果,使焊缝中出现气孔,增加合金元素的烧损。影响气体保护效果的主要因素是风。有文献表明,风速小于 1.5 m/s 时,风对保护作用无太大影响;风速大于 2m/s 时,焊缝气孔明显增加。

（7）焊枪倾角。

焊接过程中焊枪轴线和焊缝轴线之间的夹角,称为焊枪的倾斜角度,简称焊枪倾角,如图 4-4 所示。焊枪倾角在 10°～15°时,不论是前倾还是后倾,焊枪倾角对焊接过程及焊缝成形都没有明显影响。

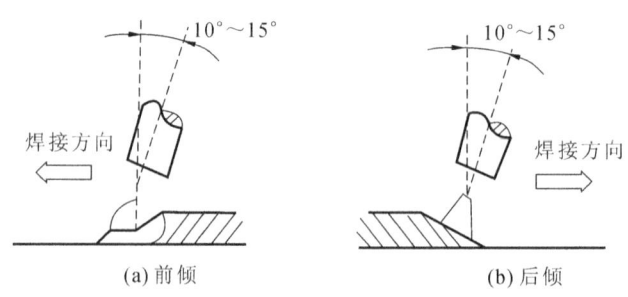

图 4-4 焊枪倾角

焊枪倾角过大时,将对焊缝成形质量产生影响。例如,前倾角增大将增大熔宽和减小熔深,还会增加飞溅。当焊枪与焊件成后倾角时(电弧始终指向已焊部分),焊缝窄,余高大,熔深较大,焊缝成形质量不好;当焊枪与焊件成前倾角时(电弧始终指向待焊部分),焊缝宽,余高小,熔深较小,焊缝成形质量好。

直线焊接焊枪的运动方向有两种。一种是焊枪自右向左移动,称为左焊法;另一种是焊枪自左向右移动,称为右焊法。向右焊时,熔池能得到良好的保护,且加热集中,热量可以充分利用,电弧的吹力作用将熔池金属推向后方,可以得到外形比较丰满的焊缝。但右焊法不易准确掌握焊接方向,容易焊偏,尤其是对接焊缝更为明显。而向左焊时,电弧对焊件金属有预热作用,能得到较大的熔深,焊缝形状得到改善。向左焊时,虽然观察熔池困难些,但能清楚地掌握焊接方向,不易焊偏。在使用 CO_2 气体保护焊时,通常采用左焊法,焊枪采用前倾角,前倾角为 $10°\sim15°$,不仅焊缝成形质量好,而且能够清楚地观察和控制熔池。

3. 弧焊机器人 CO_2 气体保护焊工艺参数

弧焊机器人 CO_2 气体保护焊对接接头情况下的工艺参数如表 4-3 所示。

表 4-3　弧焊机器人 CO_2 气体保护焊对接接头工艺参数

母材厚度 /mm	坡口形式	焊接位置	焊丝直径 /mm	焊接电流 /A	焊接电压 /V	气体流量 /(L/min)	焊接速度 /(cm/min)
1～1.5	I 形	平焊	1.0	75～80	17.7～18	10～12	20～30
		立焊	1.0		17.5～17.8		
2～2.5		平焊	1.0	85～100	18.1～18.5	12～15	20～25
		立焊	1.0		17.7～18.1		
3～4		平焊	1.0	100～130	18.5～19.7	15	20～30
		立焊	1.0	100～120	18.5～18.8	15	
5～6	I 形	平焊	1.0	120～140	19.3～20.1	15	25～35
		立焊	1.0	110～120	18.9～19.3	15	20～25
	V 形或单边 V 形	平焊	1.0	110～130	18.9～19.7	15	25～30
		立焊	1.0	100～120	18.5～19.3	15	20～25
8～12	I 形	平焊	1.0	140～180	20.1～22	18	25～35
		立焊	1.0	120～130	19～19.7	18	20～25
	V 形或单边 V 形	平焊	1.0	120～140	19.3～20.1	18	25～35
		立焊	1.0	110～120	18.5～19	18	20～25

4. 弧焊机器人系统组成

弧焊机器人是用于弧焊自动作业的工业机器人,其末端握持的工具是焊枪。

弧焊机器人系统一般包括机器人本体、控制柜、示教器和周边设备。其中周边设备包括焊机,送丝系统(焊丝盘及支架、送丝桶、送丝机及支架,同轴电缆,送丝管),焊枪,变位机和清枪系统等。弧焊机器人系统如图 4-5 所示。

1)焊接电源

熔化极气体保护焊焊接电源主要使用晶闸管电源或逆变电源。近年来,弧焊逆变器技术趋于成熟,工业机器人用弧焊逆变电源多为单片机控制的晶体管式弧焊逆变器,并配以精细的波形控制和模糊控制技术,使得焊接系统具有十分优良的动特性,适合工业机器人自动

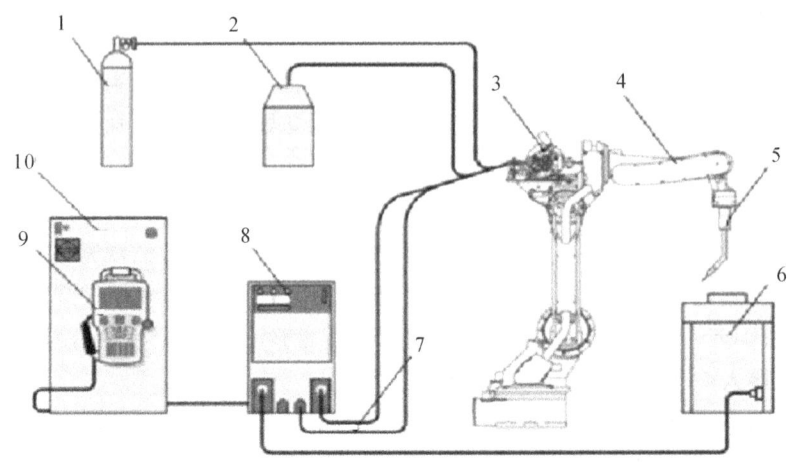

图 4-5　弧焊机器人系统

1—气瓶;2—送丝桶;3—送丝机;4—操作机;5—焊枪;6—工作台;
7—供电及控制电缆;8—焊接电源;9—示教器;10—机器人控制柜

化和智能化焊接。焊接过程中,不仅可以保证焊缝熔宽和熔深等成形质量,而且还能减少焊接缺陷。弧焊焊接电源不断向数字化发展,其特点是焊接参数稳定,受网络电压波动、温升、元器件老化等因素的影响小,具有较高的重复性,焊接质量稳定,焊缝成形质量良好。

　　Artsen 系列焊接电源为高速全数字控制,可监控焊接过渡的每一个阶段;一元化调节,内存专家规范、专家焊接数据库,参数调节自动关联,更换工况仅需调节送丝速度;采用光电编码器,可实现送丝速度的反馈及控制,适应不同的送丝负荷和超低速稳定送丝;多达 30 条默认存储通道,多参数间快速切换;可选配开通与机器人多种通信方式的连接功能。全数字脉冲智能焊机如图 4-6 所示。

图 4-6　全数字脉冲智能焊机

图 4-7　座式通用变位机

　　2)变位机

　　焊接变位机是用来拖动待焊工件,使焊缝运动至理想位置进行施焊作业的设备。焊接变位机是辅助焊接的重要设备,适用于复杂的空间不规则曲线焊缝的焊接,通过变位功能使得待焊工件实现理想的焊接位置,并保证平稳的焊接速度。

焊接变位机在实际工程应用中,可与单一的焊机配套使用,提供手工作业时的工件变位;也可与焊接专机配套使用,组成简单焊接中心;还可作为焊接中心的辅助设备与机器人配套,实现自动化、智能化焊接;同时可满足特殊用户对单一类型工件及特定焊接工艺的要求。

焊接变位机种类可以大致分为 U 型、L 型、C 型、座式通用变位机等。其中,座式通用变位机是在焊接领域中最常见的一种变位机构,如图 4-7 所示。座式通用变位机拥有两个自由度,一个为工作台 360°旋转,对于圆形或曲线结构的工件焊接特别方便;另一个为工作台下方的箱形部分翻转,可实现待焊工件的焊接位置翻转至理想的焊接位置。此种焊接变位机结构简单,变位灵活,控制方便,在焊接机器人工作站中已经大量使用,也适用于工程机械的小型结构件的焊接、轴类等中小型复杂结构的焊接等。

3）清枪系统

在弧焊机器人焊接过程中,焊枪喷嘴内外残留的焊渣、焊丝伸出长度等因素会影响产品的焊接质量及其稳定性。焊枪自动清枪系统主要包括焊枪清洗机、防飞溅装置和焊丝剪断装置等。

焊枪清洗机的主要功能是清除喷嘴内表面的飞溅,以保证保护气体的通畅。防飞溅装置喷出的防溅液可以减少焊渣的附着,降低维护频率。焊丝剪断装置主要用于利用焊丝进行起始点检测的场合,以保证焊丝伸出长度一定,提高检测的精度和起弧的性能。

4）焊枪系统

典型工业机器人弧焊焊枪如图 4-8 所示。在弧焊机器人焊枪与机器人之间一般安装防撞传感器,主要作用是当机器人在运动时,焊枪碰到障碍物,能立即使机器人停止运动,相当于急停开关,避免损坏焊枪或机器人。如果没有安装防撞传感器或传感器不够灵敏,一旦焊枪和焊件发生轻度碰撞,焊枪可能发生位移而导致施焊位置发生变化,使焊接质量变差。

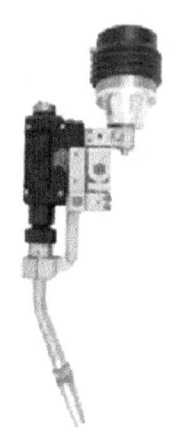

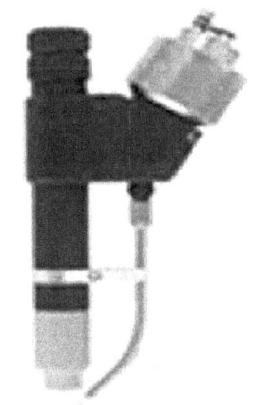

(a) 电缆外置式机器人气保焊枪　　(b) 电缆内藏式机器人气保焊枪　　(c) 机器人氩弧焊焊枪

图 4-8　典型机器人焊枪

为适应弧焊作业,对弧焊机器人有特殊的要求,除在运动过程中速度的稳定性和轨迹精度,其他方面要求如下。

（1）能够通过示教器设定焊接条件，例如焊接电流、电压、速度等参数。

（2）具有摆动功能。

（3）具有坡口填充功能。

（4）焊接异常功能检测，例如起弧成功信号检测等。

（5）具有焊接传感器（焊接起始点检测、焊缝跟踪）的接口功能。

5. 华数Ⅱ型工业机器人弧焊系统配置

华数Ⅱ型工业机器人弧焊系统配置包括焊机品牌、清枪站和变位机类型等。

（1）焊机品牌：可兼容任何品牌的焊机。目前已兼容的焊机品牌为麦格米特和米加尼克。

（2）清枪站：目前支持的清枪站品牌有泰百亿和昆山日皓，也可以不选用清枪站。当清枪站选择"无"时，弧焊工艺包菜单中就没有清枪站选项。

（3）变位机类型：根据外形不同，变位机类型分为 RT 型、H 型、U 型和 L 型。根据实际使用的变位机形状，选择相应的类型。

操作步骤：选择"工艺包—弧焊工艺包—焊接系统配置"，如图 4-9 所示。

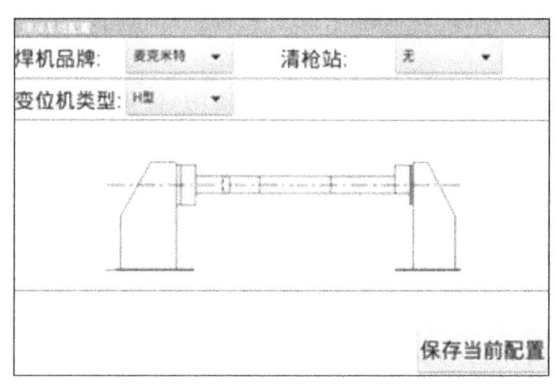

图 4-9　弧焊系统配置

二、华数Ⅱ型工业机器人弧焊参数设置

弧焊机器人一般都有相应的应用软件，通过二次开发，把弧焊相关参数集成在专用工艺包中进行设置。这类软件提供了强大的弧焊指令，可快速编制焊接程序和投入运行。

华数Ⅱ型工业机器人弧焊工艺包在新版本的控制器软件中加入了授权功能，增加了试用时间限制。用户须进行授权许可操作，具体步骤如下：在主菜单中选择"配置—工艺包—弧焊工艺包—授权"。

插入 U 盘，点击获取 SN，此时 U 盘里面生成了一个名为"sn_solder"的 txt 文件。需要把此文件发送给华中数控股份有限公司注册，然后把注册文件"genSolderAuthCode"放到 U 盘中，点击"注册"即可完成注册。

1. 焊接界面

打开示教器软件，如图 4-10 所示，点击左上角的机器人图标进入菜单选项。

选择"工艺包—弧焊工艺包—焊接参数设置与显示"，进入机器人焊接配置界面，如图 4-11所示。该界面主要分为消息提示区、菜单选择区、内容显示区和按钮操作区。

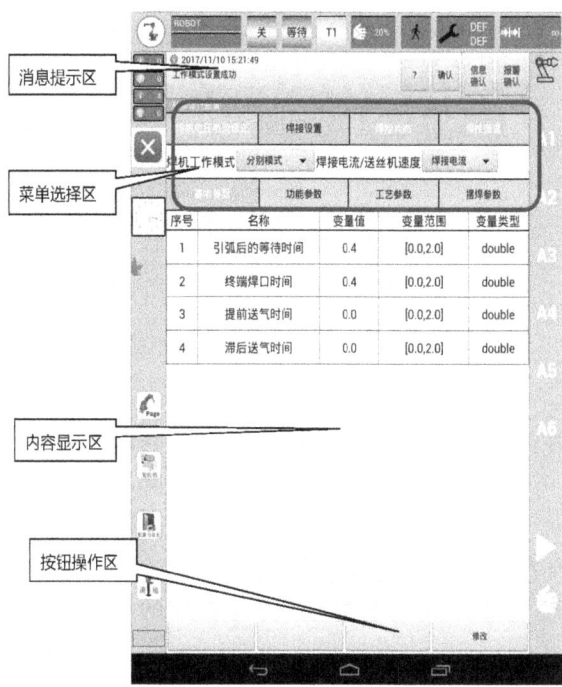

图 4-10　示教器界面　　　　　　　图 4-11　机器人焊接配置界面

消息提示区显示设置信息的反馈,比如参数是否设置成功,删除通道是否成功等的操作结果的反馈。在菜单选择区可选择进入不同的设置界面,菜单选择区包括焊接设置、焊接状态和焊接通道。焊接设置包括基本参数、功能参数、工艺参数和摆焊参数。焊接状态包括功能参数和工艺参数。按钮操作区包括焊接设置界面的修改按钮,焊接通道界面的修改、复制、删除、撤销和清空等按钮。内容显示区是显示焊接信息的主区域。

2. 焊接设置

打开示教器选择菜单,选择"工艺包—弧焊工艺包—焊接参数设置与显示—焊接设置",焊接设置菜单如图 4-12 所示。

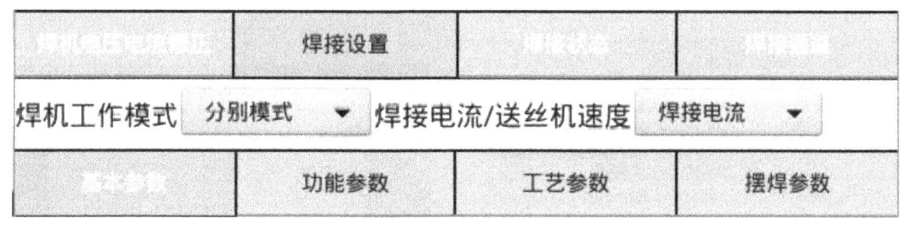

图 4-12　焊接设置菜单

1) 基本参数

选择"工艺包—弧焊工艺包—焊接参数设置与显示—焊接设置—基本参数"。基本参数界面包括基本参数列表和修改按钮,基本参数列表包括序号、名称、变量值、变量范围和变量类型,如图 4-13 所示。

基本参数的修改步骤:点击要修改的行,使其处于高亮显示。点击下方的"修改"按钮,弹出如图 4-14 所示的对话框。默认光标在"值"后面的输入框内,输入框内默认提示当前值,用数字键盘可直接输入要修改的值,默认当前值会自动被覆盖。点击"确定"按钮,然后

| 图 4-13 | 基本参数界面 | 图 4-14 | 基本参数修改对话框 |

消息提示区会显示是否修改成功和修改时间等信息。

2）功能参数

选择"工艺包—弧焊工艺包—焊接参数设置与显示—焊接设置—功能参数"。功能参数列表包括序号、名称和变量值,如图 4-15 所示。

功能参数变量值是以单选按钮的形式显示的,直接点击要修改的值即可。

图 4-15　功能参数界面

3）工艺参数

选择"工艺包—弧焊工艺包—焊接参数设置与显示—焊接设置—工艺参数"。工艺参数界面如图 4-16 所示。

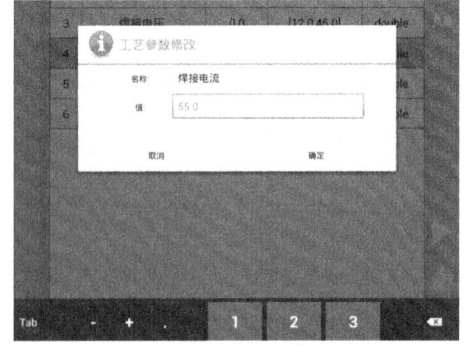

| 图 4-16 | 工艺参数界面 | 图 4-17 | 工艺参数修改对话框 |

工艺参数界面包括工艺参数列表和修改按钮。工艺参数列表包含序号、名称、变量值、变量范围和变量类型。

工艺参数的修改步骤:点击要修改的行,使其处于高亮显示。点击下方的"修改"按钮,弹出如图 4-17 所示的对话框。默认光标在"值"后面的输入框内,输入框内默认提示当前值,用数字键盘可直接输入要修改的值,默认当前值会自动被覆盖。点击"确定"按钮,然后消息提示区会显示是否修改成功和修改时间等信息。

在修改工艺参数时,在一元化模式下可以修改焊接一元化电压修正值,不能修改焊接电压值。焊接电流和焊接送丝机速度的修改也是单一的,不能同时修改。

4)摆焊参数

选择"工艺包—弧焊工艺包—焊接参数设置与显示—焊接设置—摆焊参数"。摆焊参数界面如图 4-18 所示。

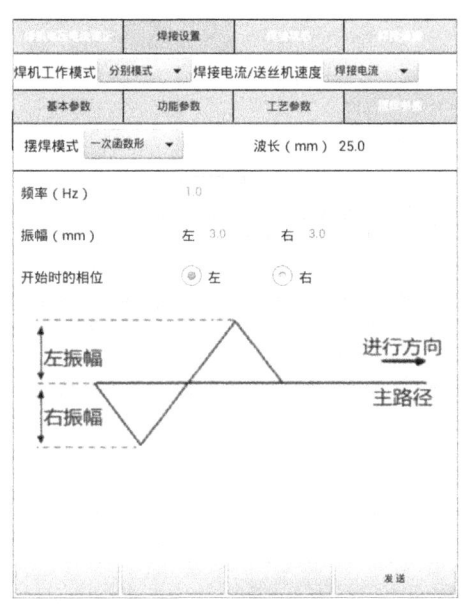

图 4-18　摆焊参数界面

摆焊模式分为一次函数形、螺旋形和梯形三种,如图 4-19 所示。

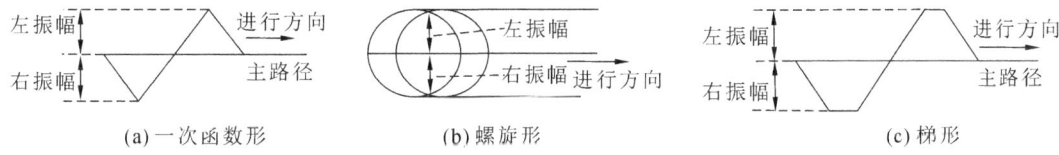

(a)一次函数形　　　　(b)螺旋形　　　　(c)梯形

图 4-19　摆焊模式示意图

一次函数形的参数包括频率、振幅(左、右)和开始时的相位(左、右)。

螺旋形的参数包括振幅(左、右)和开始时的相位(左、右)。

梯形的参数包括频率、振幅(左、右)、开始时的相位(左、右)和是否对称。

3. 焊接状态

选择"工艺包—弧焊工艺包—焊接参数设置与显示—焊接状态"。

焊接状态只能查看,不能修改,包括功能参数和工艺参数两项,如图 4-20 和图 4-21 所示。焊接状态功能参数包括通信就绪、起弧成功、送丝机状态、焊接状态等;工艺参数包括焊接电压、焊接电流、送丝机电流、送丝机速度等。焊接状态的功能参数主要是对焊接状态中工艺参数的监控。

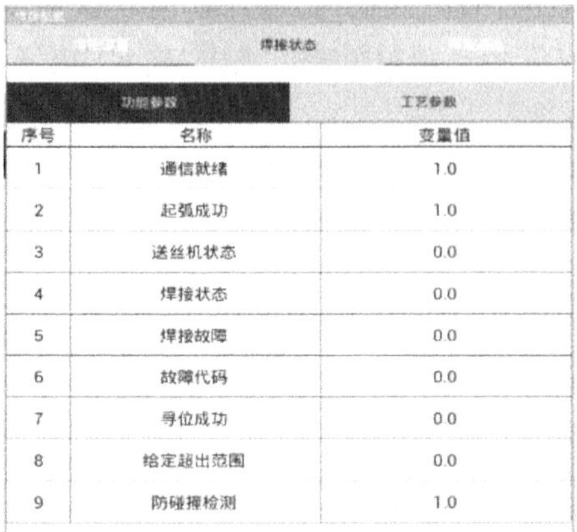

图 4-20 焊接状态功能参数

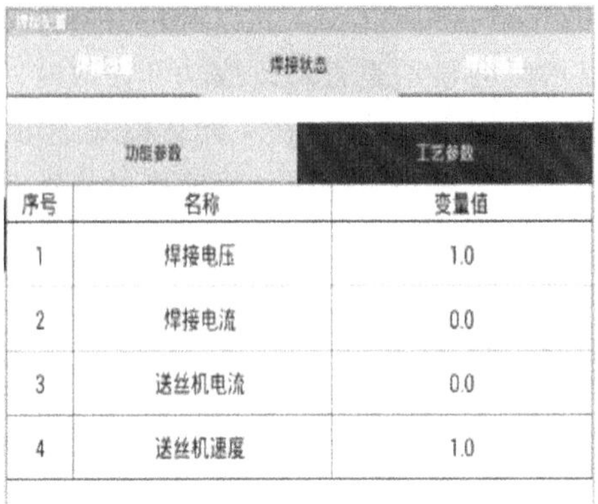

图 4-21 焊接状态工艺参数

4.焊接通道

焊接通道是设置焊接参数后保存下来的一组数据,通道数固定为80,焊接通道设置好后可供程序调用。

选择"工艺包—弧焊工艺包—焊接参数设置与显示—焊接通道"。焊接通道界面如图4-22所示。

焊接通道可设置的参数主要包括焊机工作模式、母材、板厚、焊材类型、焊丝直径、起弧参数、焊接电压/修正值、焊接电流/送丝速度、收弧参数、机器人倍率、机器人进给速度、引弧后等待时间和终端焊口时间。

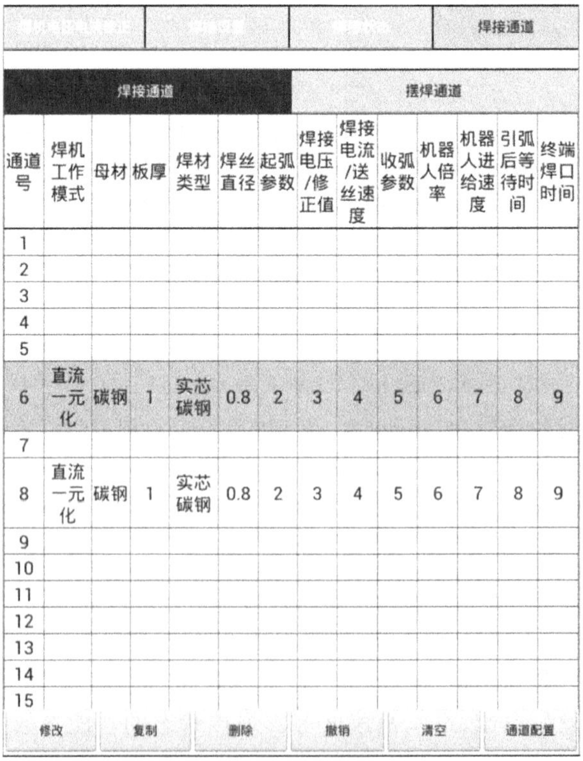

通道号	焊机工作模式	母材	板厚	焊材类型	焊丝直径	起弧参数	焊接电压/修正值	焊接电流/送丝速度	收弧参数	机器人倍率	机器人进给速度	引弧后等待时间	终端焊口时间
1													
2													
3													
4													
5													
6	直流一元化	碳钢	1	实芯碳钢	0.8	2	3	4	5	6	7	8	9
7													
8	直流一元化	碳钢	1	实芯碳钢	0.8	2	3	4	5	6	7	8	9
9													
10													
11													
12													
13													
14													
15													

修改　复制　删除　撤销　清空　通道配置

图 4-22 焊接通道界面

1）焊接通道的修改

焊接通道修改的步骤：选择"工艺包—弧焊工艺包—焊接参数设置与显示—焊接通道"，选中要修改的行，点击通道列表下面的"修改"，弹出如图 4-23 所示的通道修改对话框。

修改对话框中默认显示当前参数值，其中焊机工作模式、母材、焊材类型和焊丝直径为可选择项，其他为输入值，修改后点击"确定"，修改结果会在消息提示区显示。

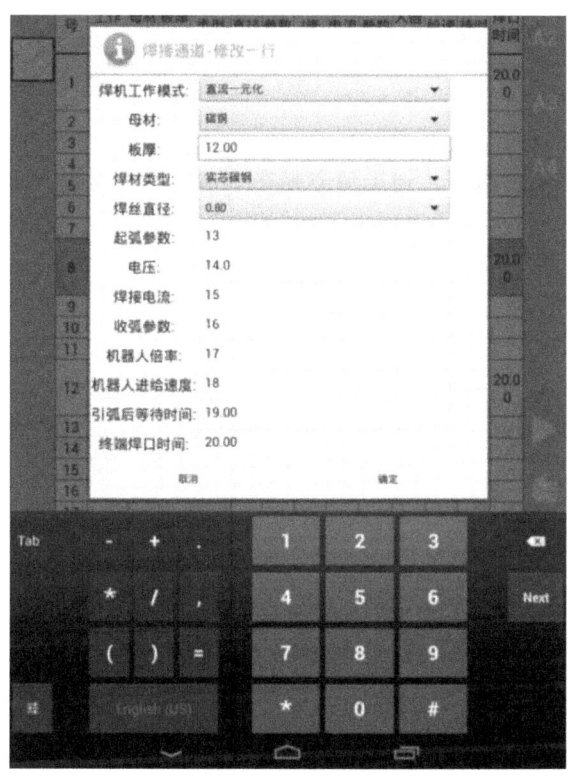

图 4-23　通道修改对话框

2）焊接通道的复制

焊接通道复制的步骤：选择"工艺包—弧焊工艺包—焊接参数设置与显示—焊接通道"，点击通道列表下面的"复制"，出现如图 4-24 所示的通道复制对话框。通道复制对话框包括源通道号和目标通道号，在源通道号后面的编辑框中输入被复制的行号，在目标通道号后面的编辑框中输入复制到目标行的行号。点击"确定"，执行通道复制操作。

3）焊接通道的删除

焊接通道删除的步骤：选择"工艺包—弧焊工艺包—焊接参数设置与显示—焊接通道"，选中要删除的行，点击通道列表下面的"删除"，弹出是否删除通道对话框，如图 4-25 所示。点击"确定"，执行删除操作，执行操作后消息提示区会显示通道是否删除成功。

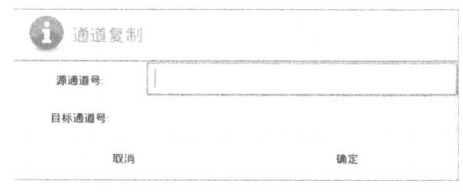 

图 4-24　通道复制对话框　　　　　图 4-25　是否删除通道对话框

4）焊接通道的撤销

撤销操作的作用是撤销最近一次的修改、复制或者删除操作,撤销操作只对最近一次操作有效。如图 4-26 所示为点击"撤销"后弹出的是否撤销对话框。

图 4-26　是否撤销对话框

5）焊接通道的清空

清空指删除所有通道的数据。通道清空是在 Super 用户模式下才可以进行的操作。

清空通道的操作步骤:点击通道列表下的"清空"。在非 Super 用户模式下,会弹出如图 4-27 所示的对话框。

请先登录 Super 用户模式,权限登录的步骤:选择"菜单—配置—用户组",在界面中登录 Super 用户模式。

在 Super 模式下点击"清空"后,弹出如图 4-28 所示的对话框。点击"确定",执行清空通道操作。

图 4-27　清空通道登录权限对话框　　　　图 4-28　是否清空通道对话框

6）通道配置

通道配置指自定义通道数目。通道配置是在 Super 用户模式下才可以进行的操作。

通道配置的操作步骤:点击通道列表下的"通道配置"。在非 Super 用户模式下,会弹出如图 4-29 所示的对话框。

请先登录 Super 用户模式,权限登录的步骤为选择"菜单—配置—用户组",在界面中登录 Super 用户模式。

如果当前为 Super 用户模式,点击"通道配置"后会弹出如图 4-30 所示的对话框。

图 4-29　通道配置登录权限对话框　　　　图 4-30　修改通道数对话框

对话框中显示当前通道数和目标通道数,在目标通道数中输入要设置的通道数目。点击"确定",修改通道数。通道数修改成功后重启控制器生效。

7）摆焊通道

选择"工艺包—弧焊工艺包—焊接参数设置与显示—焊接通道—摆焊通道",进入摆焊通道配置界面,如图 4-31 所示。

图 4-31 摆焊通道配置界面

摆焊通道列表是可以上下左右滑动的,摆焊通道的操作可参考上述焊接通道的相关操作。

5. 焊机电压电流修正

选择"工艺包—弧焊工艺包—焊接参数设置与显示—焊机电压电流修正"。

当有模拟量模块,并且模拟量通信正常时,在焊接参数设置与显示界面中就会有焊机电压电流修正界面(如果没有模拟量模块此界面是不可见的),如图 4-32 所示。

焊机电压电流修正					
序号	通道号	值	变量范围	说明	电压修正
1	1	12	[12,45]	电压输出	
2	2	30	[30,400]	电流输出	值
3	3	0	[0,0]		
4	4	0	[0,0]		配置

图 4-32 焊机电压电流修正界面

焊机电压电流修正主要是对焊接的电压、电流的设置和修正,规定模拟量模块的 1 通道为电压输出,2 通道为电流输出。注意:焊接设置中工艺参数界面的电压、电流的设置与这里的焊机电压、电流修正值是同步的,都可以对电压、电流参数进行设置。

1)电压电流的修改

切换选择电压修正或电流修正后,就可以对焊机电压或电流的输出进行更改,如图 4-33

和图 4-34 所示。输入的电流或者电压的值必须在当前范围内,如电压输出范围为 12～45,电流输出范围为 30～400。

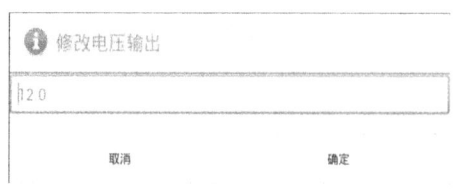

图 4-33 修改电压输出   图 4-34 修改电流输出

2)电压电流的修正

当焊机电压或电流的实际输出值与当前设定值不相等或者产生偏差时,就需要修正更改。点击焊机电压电流修正界面的"配置",弹出焊机电压或电流修正界面,如图 4-35 和图 4-36 所示,包括电压修正或电流修正、增加、删除、修改和下载等操作。

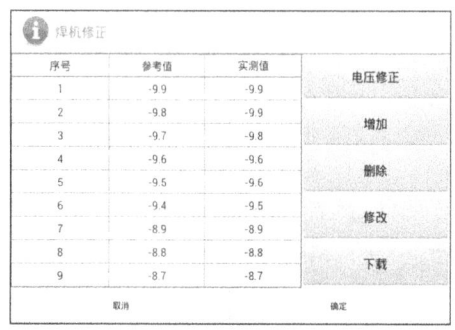

图 4-35 焊机电压修正界面   图 4-36 焊机电流修正界面

(1)电压修正或电流修正:点击焊机修正界面中的"电压修正"或"电流修正",显示列表中的数据就会在电压修正数据和电流修正数据之间切换,在切换的同时也会把数据保存到示教器本地和控制器中,并且重启后生效。

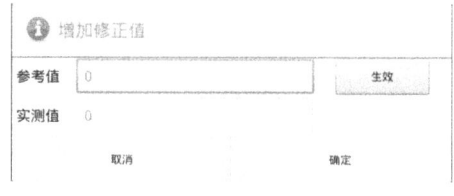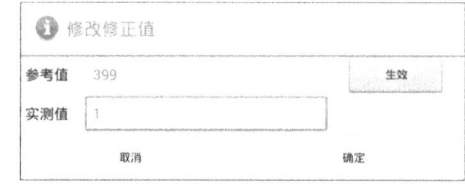

图 4-37 增加修正值对话框   图 4-38 修改修正值对话框

(2)增加:点击"增加",弹出增加修正值对话框,如图 4-37 所示。输入一定范围内的参考值后点击"生效",得到焊机面板上显示的实际值,把焊机面板上的实际值输入到实测值中,然后点击"确定",即可添加一条修正值。

(3)删除:选中要删除的行,然后点击"删除",即可删除选中的行。

(4)修改:选中要修改的行,然后点击"修改",弹出修改修正值对话框,如图 4-38 所示。在修改修正值对话框中,参考值是不能修改的,只能修改实测值。

(5)下载:点击"下载",弹出下载模拟量修正文件对话框,源文件路径有两个选项:默认和 U 盘,如图 4-39 所示。

在选择"默认"选项后电流文件 AIO_CUR.DAT 和电压文件 AIO_MEG.DAT 的路径

是示教器 HSpad\config 的默认路径,点击"确定"对标定的数据进行保存。选择"U 盘",默认的路径则为当前 U 盘的根路径。

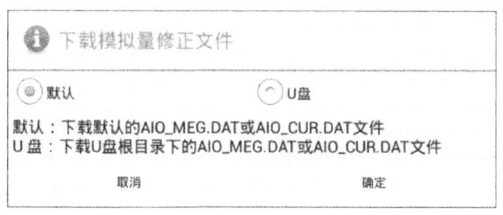

图 4-39　下载模拟量修正文件对话框

三、设定工具坐标系

关于工具坐标系和工件坐标系的标定和使用,前文已做相关介绍。这里着重介绍六点法标定工具坐标系的步骤。

机器人系统默认的 TCP 位于六轴末端法兰的中心处。当机器人加装工具时,通常可以通过新建工具坐标系,以方便程序的偏移。采用六点法标定工具坐标系,不仅能标定 TCP的位置,而且还可以改变工作坐标系的坐标方向。华数Ⅱ型工业机器人弧焊系统的 TCP 位置标定方法同四点标定法,坐标方向标定还需要再加两个点,分别是$+X$ 和$+Z$ 方向的点。

工具坐标系标定位置如图 4-40 所示。

(a) 位置点1　　　　　(b) 位置点2　　　　　(c) 位置点3

(d) 位置点4　　　　　(e) 位置点5　　　　　(f) 位置点6

图 4-40　工具坐标系标定位置示意图

六点法标定步骤如下。

(1) 在菜单中选择"投入运行—测量—工具—六点法"。

(2) 为待测量的工具输入工具号和名称,点击"继续"确认。

(3) 将 TCP 移至参照点,点击"记录",并按"确定"确认。

(4) 将 TCP 从其他两个方向移动至参考点,点击"记录",并按"确定"确认。

(5) 将 TCP 以垂直姿态移动至参考点,点击"记录",并按"确定"确认。

(6) 将 TCP 从参考点向将要设定 TCP 的$+X$ 方向移动,点击"记录",按"确定"确认。

（7）将 TCP 从参考点向将要设定 TCP 的＋Z 方向移动，点击"记录"，按"确定"确认。

（8）点击"保存"，数据被保存，窗口关闭。

工件坐标系的标定方法和步骤，请参考本书前面的项目和任务的相关内容。

任务二　华数Ⅱ型工业机器人弧焊指令与示教编程

任务说明

程序是把机器人的作业内容用机器人语言加以描述的载体。在示教操作中，产生的机器人指令和示教数据，如轨迹数据、作业条件、作业顺序等保存在作业程序中。机器人投入自动运行时，将执行程序以再现所保存的程序数据。

本任务利用华数Ⅱ型工业机器人弧焊系统对平板对接接头进行了示教编程介绍。通过本任务的学习，学生应进一步掌握直线运动指令、弧焊指令、调用指令等常用指令的使用方法，学会焊接作业的任务分析、运动规划、路径规划，完成弧焊程序的示教编程。

任务知识

一、华数Ⅱ型工业机器人弧焊指令简介

华数Ⅱ型工业机器人弧焊系统中的弧焊指令包含了 20 余条指令。可在程序编辑界面指令菜单中点击"指令"进入弧焊指令菜单选项，如图 4-41 所示。

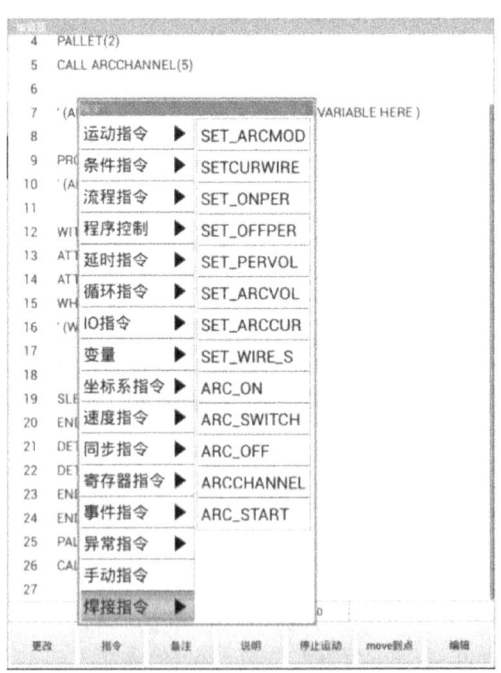

图 4-41　弧焊指令

1. 弧焊指令

表 4-4 所示为华数Ⅱ型工业机器人弧焊系统包含的部分指令。

表 4-4　华数Ⅱ型工业机器人弧焊指令一览表（节选）

序号	指令	描述	参数类型	参数数量	参数范围
1	SET_ARCMOD	设置焊机工作模式	int	1	0～7
2	SETCURWIRE	选择焊接电流	int	1	0
		送丝速度模式			1
3	SET_ONPER	设置起弧比例	double	1	0～200
4	SET_OFFPER	设置收弧比例	double	1	0～200
5	SET_PERVOL	设置一元化电压修正值	double	1	−30～30
6	SET_ARCVOL	设置焊接电压	double	1	12～45
7	SET_ARCCUR	设置焊接电流	double	1	30～300
8	SET_WIRE_S	设置送丝机速度	int	1	150～2800
9	ARC_ON	起弧指令	无	0	无
10	ARC_OFF	收弧指令	无	0	无
11	WAVEARC	摆焊通道	generic location,long	5	无
12	SETLINSPIR	设置一次函数、螺旋形摆焊参数	long,double	5	无
13	SETTRAPE	设置梯形摆焊参数	long,double	7	无
14	ARCCHANNEL	设置通道	int	2	无
15	ARC_START	中断再起弧指令	无	0	无

弧焊指令在示教前应进行基本参数、功能参数、工艺参数和摆焊参数设置，具体设置步骤详见任务一中有关介绍。弧焊指令包含的指令程序类型为子程序。常用弧焊指令及其注释如下。

```
CALL ARC_ON                      '调用起弧指令子程序
CALL ARC_OFF                     '调用收弧指令子程序
CALL ARCCHANNEL(X,0)             '调用焊接通道，X代表普通焊接通道号，0代表普通焊接
CALL WAVEARC(P1,P2,10,20,2)      '表示以VTRAN=10、VROT=20的速度从点P1摆动到点P2，并
                                  把P1和P2的位置保存到第二通道
CALL ARCCHANNEL(X,1)             '调用焊接通道，X代表摆动焊接通道号，1代表摆动焊接
```

2. 华数Ⅱ型工业机器人弧焊示教编程

1）示教编程方法

弧焊机器人作为一种自动化设备，其自动化水平的发挥在很大程度上取决于程序的编制。目前，弧焊机器人编程方法主要有在线示教、离线编程和自主编程等三种。

（1）在线示教。

手把手示教，即操作人员牵引机器人末端焊枪对工件施焊，机器人实时记录整个示教轨迹及各种焊接工艺参数，然后机器人根据这些在线参数就能准确再现这一焊接过程。

目前的在线示教编程主要采用示教器实现。示教器示教，其过程可以分三步。第一步，使用示教器根据任务的需要把机器人的末端执行器送到所需要的方位上去，然后把每一位置的

姿态存储起来。第二步,编辑修改示教过的动作。第三步,机器人重复运行示教的过程。

在线示教编程的优点:操作灵活,容易掌握。在一些对精度要求不是很高的地方大多采用这种编程方法。在线示教的缺点是编程靠观察凭经验实现,编程效率低,劳动强度大,占用了大量的机器人工作时间,降低了生产效率,同时很难精确规划复杂的运动轨迹。因此,随着机器人应用到中、小批量生产,以及所完成任务复杂程度的增加,用在线示教方式越来越难以满足高质量的编程要求。

（2）离线编程。

离线编程是指利用计算机图形学的成果,建立机器人及其工作现场的虚拟环境,利用一些规划算法,通过对图形的控制和操作,在离线的情况下对焊接过程进行规划,最后生成作业程序。

与在线示教编程方法相比,离线编程具有如下优点:离线编程不占用机器人的工作时间;可对复杂任务进行精确编程和作业过程仿真;便于修改机器人程序,从而适应中、小批量的生产要求;减小编程的劳动强度,提高工作效率。

（3）自主编程。

自主编程技术是实现机器人智能化的基础。自主编程技术应用各种外部传感器,使得机器人能够全方位感知真实焊接环境,识别焊接工作台信息,确定工艺参数。

自主编程技术无须繁重的示教,减少了机器人的工作时间和工人的劳动时间,也无须根据工作台信息实时对焊接过程中的偏差进行纠正,大大提高了机器人的自主性和适应性,因此成为未来机器人发展的趋势。

根据预定焊接路径和焊接参数施焊的第一代焊接机器人(基于在线示教方式)在技术上已相对成熟,并已得到广泛应用。目前国内外大部分焊接机器人仍然采用示教编程作为主要的焊接编程方法。国外一些工业机器人厂家已经开发离线编程软件。运用离线编程软件可以生成复杂焊缝的轨迹运行程序,并使设计与生产的联系更加紧密。与自主编程有关的智能化焊接技术则是目前研究的热点,主要包括焊接任务规划、轨迹跟踪控制、传感系统、过程模型以及智能控制等方面。

2）华数Ⅱ型工业机器人弧焊系统 I/O 配置

（1）焊机反馈给机器人的信号如表 4-5 所示。

表 4-5　焊机反馈给机器人的信号

序号	信号名称	端口	备注
1	恢复再执行	X2.5,低电平有效	通用信号
2	程序启动	X2.6,低电平有效	
3	暂停信号	X2.7,低电平有效	
4	急停信号	X3.0,高电平有效	
5	防碰撞信号	X3.1,高电平有效	
6	焊接中断再起弧	X3.2,低电平有效	
7	起弧成功信号	X3.3,高电平有效	模拟量通信中的 I/O 信号
8	准备信号	X3.4,高电平有效	
9	寻位信号	X3.5,高电平有效	

（2）机器人针对焊机设置的信号如表 4-6 所示。

表 4-6　机器人针对焊机设置的信号

序号	信号名称	端口	备注
1	起弧信号	Y3.0,高电平有效	模拟量通信中的 I/O 信号
2	反向送丝信号	Y3.1,高电平有效	
3	点动送丝信号	Y3.2,高电平有效	
4	气体检测	Y3.3,高电平有效	
5	焊接电压	接入模拟量输出模块第一通道	模拟量通信中的模拟信号
6	焊接电流	接入模拟量输出模块第二通道	

3）弧焊示教编程

实际焊接操作是通过示教器编程来实现的。下面以焊件厚度为 5 mm、坡口为单 V 形、对接接头、不摆弧焊接为例进行分析。手动示教编程之前,应设定并选择对应的工具坐标系、工件坐标系等,进行基本参数、功能参数、工艺参数和摆焊参数等参数的设置。示教编程过程中应注意焊丝与工件的夹角和焊枪倾角在合适的角度范围内。

机器人从原点位置 P0 采用关节插补方式运动到位置 P1,记录点位数据;采用直线插补方式运动到位置 P2,记录点位数据;插入焊接起弧指令;采用直线插补方式运动到位置 P3,记录点位数据;插入焊接熄弧指令;采用直线插补方式运动到位置 P4,记录点位数据;采用关节插补方式运动到位置 P5,记录点位数据。为提高生产效率,通常程序结束点和原点设在同一位置。

焊接示教流程如图 4-42 所示。

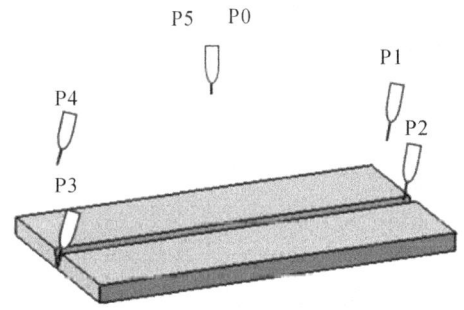

图 4-42　焊接示教流程示意图

依据以上分析,可以写出如下程序。

```
PROGRAM
WITH  ROBOT
ATTACH  ROBOT
ATTACH  EXT_AXES
WHILE  TRUE
MOVE  ROBOT  P0          '机器人从当前点向 P0 运动
MOVE  ROBOT  P1          '从原点 P0 以关节插补方式运动到 P1
MOVES  ROBOT  P2         '从 P1 以直线插补方式运动到起弧点 P2
```

```
DELAY ROBOT 100            '延迟时间 100 ms,确认机器人到位
CALL ARC_ON                '调用起弧指令子程序
MOVES   ROBOT  P3          '从 P2 以直线插补方式运动到熄弧点 P3
DELAY   ROBOT 100          '延迟时间 100 ms,确认机器人到位
CALL ARC_OFF               '调用熄弧指令子程序
MOVES   ROBOT  P4          '从 P3 以直线插补方式运动到起弧点 P4
MOVE    ROBOT   P5         '从点 P4 以关节插补方式运动到 P5
SLEEP   100
END   WHILE
DETACH  ROBOT
DETACH  EXT_AXES
END   WITH
END   PROGRAM
```

关于示教程序的编辑操作可参阅《工业机器人技术基础》(华数机器人)和本书项目二中华数Ⅱ型工业机器人编程相关内容。

项目小结

本项目首先介绍了焊接的分类,影响焊接质量的主要工艺参数,工业机器人弧焊系统的组成,华数Ⅱ型弧焊机器人弧焊系统配置、焊接参数的设置,六点法标定工具坐标系的步骤等基础知识;然后对华数Ⅱ型工业机器人弧焊系统典型指令进行了说明,以对接接头为例对平板焊缝进行了弧焊示教编程。

思考与练习

一、简答题

1. 基本焊接方法按焊接过程特点可分为哪几种?
2. 简述影响 CO_2 气体保护焊的主要工艺参数。
3. 工业机器人弧焊系统包括哪几部分?
4. 华数Ⅱ型工业机器人常用的弧焊指令有哪些?

二、实训题

T形接头,如图 4-43 所示,母材为 Q235,翼板尺寸为 200 mm×50 mm×12 mm,腹板尺寸为 200 mm×50 mm×12 mm,焊接位置为平角焊。焊接 T 形平角焊时,若操作不当极易产生咬边、未焊透等缺陷。等厚度平角焊时,一般焊丝与水平板的夹角为 40°~50°,控制焊枪倾角为 10°~25°。

(1) 选择合适的焊接工艺参数,并对弧焊相关参数进行设置;

(2) 规划弧焊运行轨迹,确定示教轨迹和示教点,示教弧焊程序;

(3) 手动调试、自动运行弧焊程序。

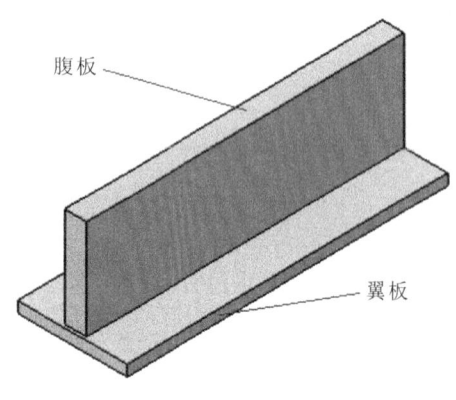

图 4-43　焊件结构示意图

项目五　华数Ⅱ型工业机器人协同操作与编程

在信息化迅速发展的今天,制造业正向着数字化、网络化、智能化、服务化方向加速发展。不同的设备之间可通过通信,实现信息的互联互通,协同完成各种工作任务。

本项目首先介绍常用的通信技术,其次介绍华数Ⅱ型工业机器人的 IPC 及通信技术,最后以两台工业机器人间的协同作业,模拟生产线工作组装和输送过程。通过学习,学生应能掌握数字量信号输入/输出指令及等待指令的使用方法。

知识目标

(1) 了解现场总线。

(2) 掌握工业机器人协同运动的特点及程序编写方法。

能力目标

(1) 熟练掌握华数Ⅱ型工业机器人内部结构。

(2) 熟练掌握华数Ⅱ型工业机器人外部变量及子程序的编写调试方法。

(3) 掌握混流制造中机器人程序设计的方法。

(4) 掌握示教编程的方法,能够完成复杂状况下机器人的示教编程。

情感目标

培养学生对工业机器人操作与编程的兴趣。

任务一　协同操作中的通信技术

任务说明

了解现场总线及华数Ⅱ型工业机器人的通信技术。

任务知识

一、现场总线

现场总线(field bus)是电气工程及其自动化领域发展起来的一种工业数据总线,它主要解决工业现场的智能化仪器仪表、控制器、执行机构等设备间的数字通信以及这些现场控制设备和高级控制系统之间的信息传递问题。一般把现场总线系统称为第五代控制系统,也称作现场总线控制系统(FCS)。人们一般把 20 世纪 50 年代前的气动信号控制系统(PCS)称作第一代,把 4～20 mA 等电动模拟信号控制系统称为第二代,把数字计算机集中式控制系统称为第三代,而把 20 世纪 70 年代中期以来的分布式控制系统(DCS)称作第四代。现场总线控制系统(FCS)作为新一代控制系统,一方面突破了 DCS 采用通信专用网络的局限,采用了基于公开化、标准化的解决方案,克服了封闭系统所造成的缺陷;另一方面把 DCS 的集中与分散相结合的集散系统结构,变成了新型全分布式结构,把控制功能彻底下放到现场。可以说,开放性、分散性与数字通信是现场总线控制系统最显著的特征。

国际上有 40 多种现场总线,但没有任何一种现场总线能覆盖所有的应用面,按其传输数据的大小可分为三类:传感器总线(sensor bus),属于位传输;设备总线(device bus),属于字节传输;现场总线,属于数据流传输。

1. RS-232/RS-485

RS-232 接口标准是 1970 年由美国电子工业协会(EIA)联合贝尔系统、调制解调器厂家及计算机终端生产厂家共同制定的用于串行通信的标准。它的全名是"数据终端设备(DTE)和数据通信设备(DCE)之间串行二进制数据交换接口技术标准"。该标准规定采用一个有 25 个管脚的 DB-25 连接器,对连接器的每个管脚的信号内容加以规定,还对各种信号的电平加以规定。DB-25 的串口一般用到的管脚只有 2(RXD)、3(TXD)、7(GND)这三个。随着设备的不断改进,现在 DB-25 很少了,代替它的是 DB-9,DB-9 所用到的管脚与 DB-25 相比有所变化,是 2(RXD)、3(TXD)、5(GND)这三个。因此现在都把 RS-232 接口叫作 DB-9。

RS-232 接口标准出现较早,难免有不足之处,主要有以下四点。

(1) 接口的信号电平值较高,易损坏接口电路的芯片,又因为其电平与 TTL 电平不兼容,故需使用电平转换电路方能与 TTL 电路连接。

(2) 数据传输速率较低,在异步传输时,为 20 kbit/s。

(3) 接口使用一根信号线和一根信号返回线构成共地的传输形式,这种传输形式容易产生共模干扰,所以抗噪声干扰性差。

(4) 传输距离有限,最大传输距离标准值为 50 英尺(约 15 米),实际上也是 15 米左右。

针对 RS-232 接口标准的不足,不断出现了一些新的接口标准,RS-485 就是其中之一,它具有以下特点。

(1) RS-485 的电气特性:逻辑"1"以两线间的电压差为 +(2~6)V 表示;逻辑"0"以两线间的电压差为 -(2~6)V 表示。接口信号电平比 RS-232 低,不易损坏接口电路的芯片,且该电平与 TTL 电平兼容,可方便地与 TTL 电路连接。

(2) RS-485 的数据最高传输速率为 10 Mbit/s。

(3) RS-485 接口采用平衡驱动器和差分接收器的组合,抗共模干扰能力增强,即抗噪声干扰性好。

(4) RS-485 接口的最大传输距离标准值为 4000 英尺(约 1219 米),实际上可达 3000 米。另外,RS-232 接口在总线上只允许连接 1 个收发器,即只有单站能力。而 RS-485 接口在总线上允许连接多达 128 个收发器,即具有多站能力。这样用户可以利用单一的 RS-485 接口方便地建立起设备网络。

因为 RS-485 接口组成的半双工网络,一般只需两根连线(一般称之为 AB 线),所以 RS-485 接口均采用屏蔽双绞线传输。由于有的设备是 RS-232 接口的,有的是 RS-485 接口的,如果一台 RS-232 接口的设备与一台 RS-485 接口的设备通信,那就需要一个转换器,把 RS-232 接口的设备的 RS-232 信号转换成 RS-485 信号,然后再与 RS-485 接口的设备通信。这个转换器就是 RS-232/RS-485 转换电路,如图 5-1 所示。如果两台 RS-232 接口的设备要进行远距离通信,那只要加上两个 RS-232/RS-485 转换电路就可以了。

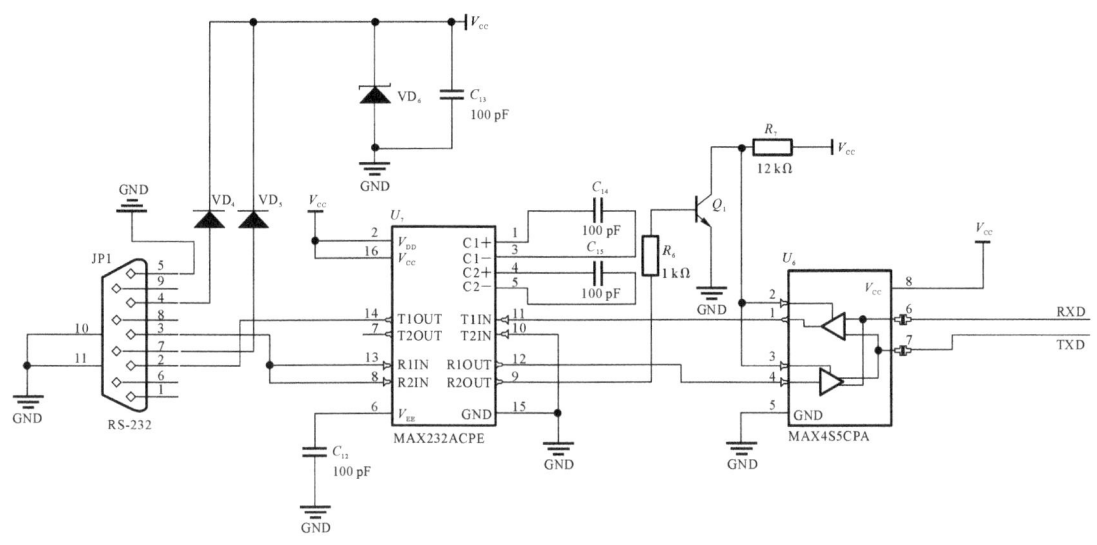

图 5-1　RS-232/RS-485 转换电路

2. Modbus 协议

Modbus 协议最初由 Modicon 公司开发，现在已经是工业领域最流行的协议。此协议支持传统的 RS-232、RS-485 和以太网设备。

Modbus 协议是应用于电子控制器的一种通用语言。通过此协议，控制器相互之间、控制器经由网络（例如以太网）和其他设备之间可以通信。此协议定义了控制器能识别、使用的消息结构，而不管它们是用何种网络进行通信的。

Modbus 协议是一种主从式异步半双工通信协议，采用主从式通信结构，即仅主设备能初始化传输（查询），从设备根据主设备查询提供的数据做出相应反应。典型的主设备为主机和可编程仪表。典型的从设备为可编程控制器。主设备可单独和从设备通信，也能以广播方式和所有从设备通信。如果单独通信，从设备返回信息作为回应；如果是以广播方式查询的，则不做任何回应。Modbus 协议建立了主设备查询的格式：设备（或广播）地址、功能代码、所有要发送的数据、错误检测域。

Modbus 协议类型主要包括 ASCII、RTU、TCP 等。标准的 Modicon 控制器使用 RS-232-C 实现串行的 Modbus。ASCII、RTU 协议规定了消息、数据的结构、命令和就答的方式，数据通信采用主/从站方式，主站发出数据请求消息，从站接收到正确消息后就往回发送数据到主站，以响应请求；主站也可以直接发消息修改从站的数据，实现双向读写。一个主站可以与多个从站通信，但从站与从站之间不能直接通信。

3. Profibus

Profibus 是目前工控系统中最成功的现场总线之一，得到了广泛的应用。Profibus-DP 是一种经过优化的模块，有较高的数据传输速率，适用于系统和外部设备之间的通信，远程 I/O 系统尤为适用。Profibus-DP 主要用于中央处理器与分散外围设备之间的高速数据通信，完成自动控制系统（如 PLC、PC 等）通过高速串行总线与分散的现场设备（I/O、驱动器、阀门等）之间的通信任务。它允许高速度、周期性的小批量数据通信，适用于对时间要求苛刻的自动化控制系统。

Profibus 总线访问方式兼有多主通信和主从通信，如图 5-2 所示。Profibus-PA 适用于安全性要求较高的场合。PA 具有本质安全特性，它实现了 IEC 1158-2（物理层）规定的通信的规程。Profibus-PA 使用 Profibus-DP 的基本功能传送测量值和状态,并用扩展的 Profibus-DP 功能确定现场设备的参数和进行设备操作。Profibus-PA 的过程自动化解决方案中 PA 将自动化系统和过程控制系统与现场设备(压力、温度和液位变送器等)连接起来,代替了 4~20 mA 模拟信号传输技术,可节约成本,这种传输技术大大增加了系统功能,提高了安全可靠性,并使现场设备通过总线供电。

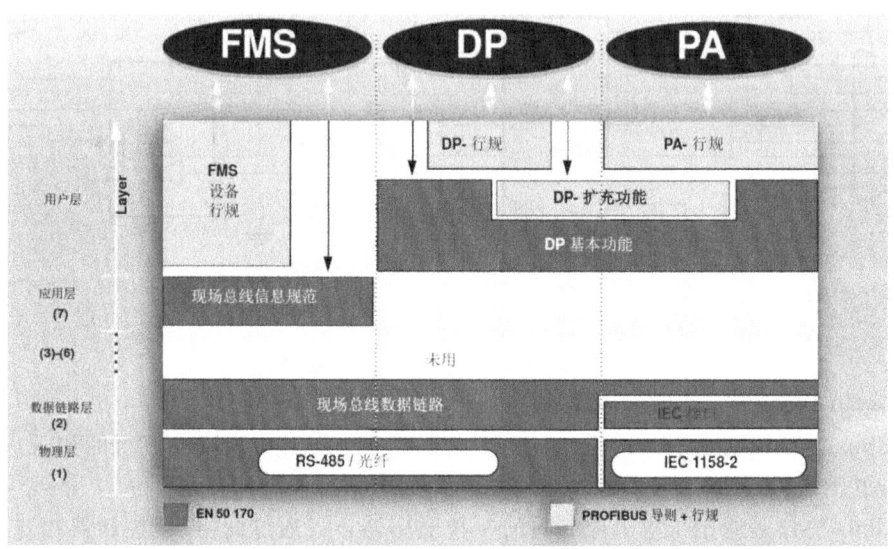

图 5-2 Profibus 总线通信方式

Profibus 的 FMS、DP 和 PA 采用单一的总线访问协议。在 Profibus 中,总线访问协议由第二层现场总线数据链路(FDL)层实现。Profibus 总线访问协议的设计宗旨是在媒体通信期间,必须保证在确切限定的时间间隔中,任何一个站点完成其通信任务时数据的通信应尽可能地快速和简单。因此,Profibus 总线访问协议包括主站之间的令牌传递方式和主站与从站之间的主从方式,如图 5-3 所示。图 5-3 所示为由 3 个主站和 7 个从站构成的 Profibus 系统。3 个主站构成令牌逻辑环,当某主站得到令牌报文后,该主站可在一定时间内执行主站工作。在这段时间内,它可依照主-从关系表与所有从站通信,也可依照主-主关系表与所有主站通信。

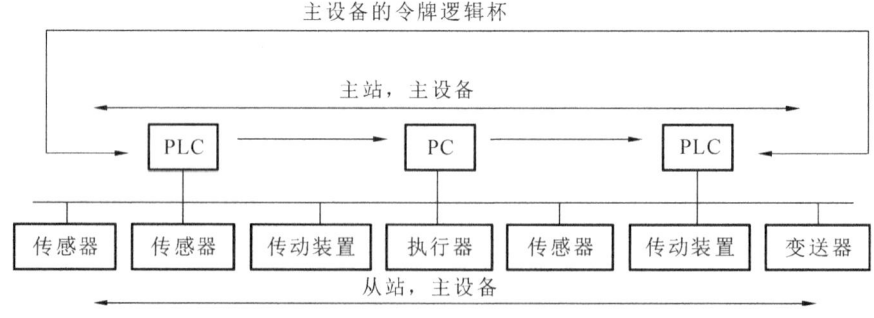

图 5-3 Profibus 总线访问协议

4. Profinet

Profinet 实时以太网是由 Profibus International(PI)组织提出的基于以太网的自动化标准。从 2004 年 4 月开始,PI 与 Interbus Club 总线俱乐部联手,负责合作开发与制定标准。Profinet 构成从 I/O 级直至协调治理级的基于组件的分布式自动化系统的体系结构方案,并可以将 Profibus 技术和 Interbus 现场总线技术在整个系统中无缝地集成。Profinet 能为紧要任务提供最低限度的性能保证服务,同时也能为非紧要任务提供服务。Profinet 支持三种通信方式。

1) TCP/IP 标准通信

Profinet 基于工业以太网技术,使用 TCP/IP 标准。TCP/IP 是 IT 领域关于通信协议方面事实上的标准,尽管其响应时间大概在 100 ms 的量级,但对于工厂控制级的应用来说,这个响应时间已经足够了。

2) 实时(RT)通信

对于传感器和执行器设备之间的数据交换,系统对响应时间的要求更为严格,因此,Profinet 提供了一个优化的、基于以太网第二层(Layer 2)的实时通信通道,可极大地减少数据在通信栈中的处理时间。Profinet 实时通信的典型响应时间是 5～10 ms,网络节点也包含在网络的同步过程之中。同步的交换机在 Profinet 概念中占有十分重要的位置。在传统的交换机中,要传递的信息必定在交换机中延迟一段时间,直到交换机翻译出信息的目的地址并转发该信息为止。这种基于地址的信息转发机制会对数据的传送时间产生不利的影响。为了解决这个问题,Profinet 在实时通道中使用一种优化的机制来实现信息的转发。

3) 等时同步实时(IRT)通信

现场级通信对通信实时性要求最高的是运动控制,Profinet 的等时同步实时技术可以满足运动控制的高速通信需求,在 100 个节点下,其响应时间要小于 1 ms,抖动误差要小于 1 ms,以此来保证及时的、确定的响应。

二、华数Ⅱ型工业机器人通信技术

华数Ⅱ型工业机器人电气控制系统主要由 IPC 单元、示教器、PLC 单元、伺服驱动器等部分组成,各部分间的连接关系如图 5-4 所示。

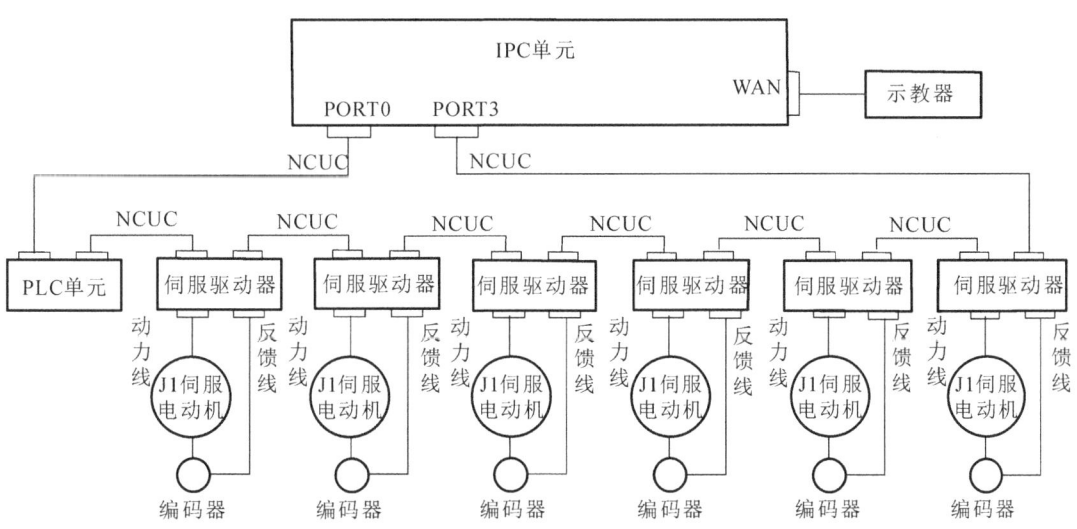

图 5-4　华数Ⅱ型工业机器人电气控制系统的基本构成

从图中可以看出,IPC 单元、PLC 单元和伺服驱动器通过 NCUC 总线连接在一起,完成相互之间的通信工作。IPC 单元是整个总线系统的主站,PLC 单元与伺服驱动器是从站。

NCUC 总线接线从 IPC 单元的 PORT0 接口开始,连接到第一个从站的 IN 接口,第一个从站 OUT 接口出来的信号接入下一个从站的 IN 接口,以此类推,逐个相连,把各个从站串联起来,最后一个从站的 OUT 接口连接到主站 IPC 单元的 PORT3 接口,就完成了总线的连接。

1. IPC 单元

IPC 单元是华数Ⅱ型工业机器人的运算控制系统,相当于人的大脑,所有程序和算法都在 IPC 中处理完成。工业机器人在运动中的点位控制、轨迹控制、手爪空间位置与姿态的控制等都是由它发布控制命令来实现的。它由微处理器、存储器、总线、外围接口组成。它通过总线把控制命令发送给伺服驱动器,也通过总线收集伺服电动机的运行反馈信息,通过反馈信息来修正工业机器人的运动。如图 5-5 所示是华数Ⅱ型工业机器人使用的 IPC 单元外形及其接口。

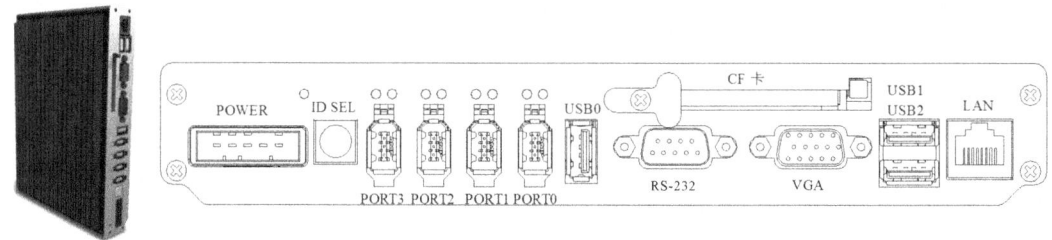

图 5-5 IPC 单元外形及其接口

POWER:DC 24 V 电源接口。

ID SEL:设备号选择开关。

PORT0~PORT3:NCUC 总线接口。

USB0:外部 USB1.1 接口。

RS-232:内部使用的串口。

VGA:内部使用的视频信号串口。

USB1、USB2:内部使用的 USB2.0 接口。

LAN:外部标准以太网接口。

2. NCUC 总线通信

为加快中国高档数控系统技术的研发进度,2008 年 2 月,由华中数控、大连光洋、沈阳高精、广州数控、浙江中控组成的数控系统现场总线技术联盟(NC union of China field bus)成立了,国家发展和改革委员会副主任张国宝亲自担任联盟的领导小组组长。2010 年至 2012 年间,联盟召开多次重大会议,设立了 NCUC-Bus 协议规范标准工作组,形成了协议的草案,经标准审查会审查之后,最终确立了 NCUC-Bus 现场总线协议规范的总则,物理层、数据链路层规范和服务,应用层规范和服务。

基于 NCUC-Bus 的总线式伺服及主轴驱动,采用统一的编码器接口,支持 BISS、HIPERFACE、ENDAT2.1/2.2、多摩川等串行绝对值编码器通信传输协议。板卡上带有光纤接口,可以通过光纤连接至总线,实现基于 NCUC-Bus 协议的数据交互。用 PHY + FPGA 的硬件结构,整个协议的处理都在 FPGA 中实现,并通过主从总线访问控制方式实现各站点的有序通信。NCUC-Bus 采用动态"飞读飞写"的方式实现数据的上传和下载,满足了通信的实时性要求;通过延时测量和计算时间戳的方法,实现了通信的同步性要求;同时,采用重发和双环路的数据冗余机制及 CRC 校验的差错检测机制,保障了通信的可靠性要求。在一些高档数控机床项目中实施 NCUC-Bus,取得了良好的应用效果,验证了 NCUC-Bus 的有效性。基于 NCUC-Bus 的数控系统 IPC 单元,属于嵌入式工业计算机模块,可以运行 Linux、Windows 操作系统,它具有 VGA、USB、RJ-45 等计算机标准接口,可以用于数控装置人机交互单元(HMI)、MLU 及数控系统内部职能模块的控制。HMI 提供人机交互界面,其中的 IPC 单元用以运行数控装置人机交互软件,还内置了短信通信模块,可以用于远程机床状态监控。数控系统作为主站,伺服驱动器、PLC 单元等作为从站,通过 NCUC-Bus 总线连接到 IPC 单元,与数控系统实现数据交互。

3. PLC 单元

PLC 是工业机器人中非常重要的运算系统,它主要完成与开关量运算有关的一些控制要求,例如机器人急停的控制、手爪的抓持与松开、与外围设备协同工作等。在控制系统中,IPC 单元和 PLC 单元协调配合,共同完成工业机器人的控制。图 5-6 所示是华数Ⅱ型工业机器人配置的基于 NCUC 总线的 PLC 单元。

图 5-6　PLC 单元

1) 通信子模块

通信子模块(HIO-1061)负责完成与 IPC 控制器的通信功能(X2A、X2B 接口),并提供电源输入接口(X1 接口),外部开关电源输出功率应不小于 50 W。其功能及接口如图 5-7 所示。

信号名	说明
24 V	直流24 V电源
24 VG	直流24 V电源地
PE	接大地

信号名	说明
24 V	直流24 V电源
GND	
TXD+	数据发送
TXD−	
RXD+	数据接收
RXD−	

图 5-7　通信子模块功能及接口

2) 开关量输入子模块

开关量输入子模块包括 NPN(HIO-1011N)和 PNP(HIO-1011P)两种类型,如图 5-8 所示。二者的区别在于:NPN 型为低电平有效,PNP 型为高电平(+24 V)有效,每个开关量输入子模块提供 16 路开关量信号输入。

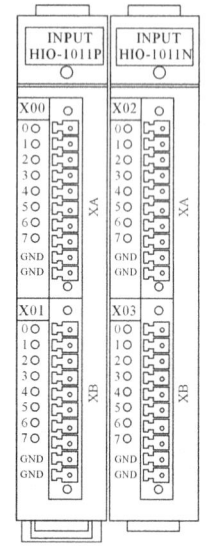

开关量输入接口
XA、XB

1:0
2:1　　1
3:2
4:3
5:4
6:5
7:6
8:7
9:GND
10:GND　10

信号名	说明	
	HIO-1011N	HIO-1011P
	XA、XB	XA、XB
0~7	NPN输入	PNP输入
	N0~N7	P0~P7
	低电平有效	高电平有效
GND	DC 24 V 地	

注意：GND必须与PLC电路开关电源的电源地可靠连接。

图 5-8　开关量输入子模块接口

3）开关量输出子模块

开关量输出子模块（HIO-1021N）为 NPN 型，有效输出为低电平，否则输出为高阻抗状态。每个开关量输出子模块提供 16 路开关量信号输出。开关量输出子模块接口 XA、XB（黑色）定义如图 5-9 所示。

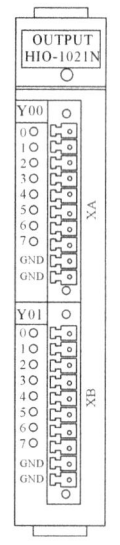

开关量输入接口
XA、XB

1:0
2:1　　1
3:2
4:3
5:4
6:5
7:6
8:7
9:GND
10:GND　10

信号名	说明
0~7	NPN输入
	O0~O7
	低电平有效
GND	DC 24 V 地

注意：GND必须与PLC电路开关电源的电源地可靠连接。

图 5-9　开关量输出子模块接口

4）模拟量输入/输出子模块

模拟量输入/输出子模块（HIO-1073）负责完成机器人到 IPC 单元的 A/D 信号输入和 IPC 单元到机器人的 D/A 信号输出。每个子模块提供 4 通道 12 位差分/单端模拟信号输入和 4 通道 12 位差分/单端模拟信号输出。A/D 输入接口 XA 为绿色，D/A 输出接口 XB 为橙色，其接口定义如图 5-10 所示。

A/D 输入接口 XA

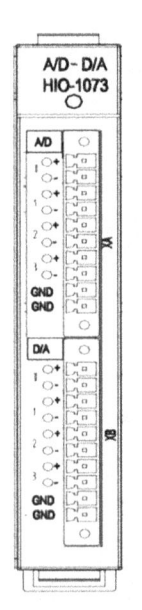

1:0+
2:0−
3:1+
4:1−
5:2+
6:2−
7:3+
8:3−
9:GND
10:GND

信号名	说明
0＋、0−	4通道 A/D 输入 A/D0～A/D3 (输入范围：−10 V～＋10 V)
1＋、1−	
2＋、2−	
3＋、3−	
GND	地

D/A 输出接口 XB

1:0+
2:0−
3:1+
4:1−
5:2+
6:2−
7:3+
8:3−
9:GND
10:GND

信号名	说明
0＋、0−	4通道 D/A 输入 D/A0～D/A3 (输入范围：−10 V～＋10 V)
1＋、1−	
2＋、2−	
3＋、3−	
GND	地

图 5-10　模拟量输入/输出子模块接口

任务二　华数Ⅱ型工业机器人协同操作应用

任务说明

一号机器人和二号机器人顺序工作:一号机器人先将物料 A 放置到装配位置,发送信号,关闭装配位置的电磁阀,准备装配,然后发送物料 A 到位信号给二号机器人;二号机器人将物料 B 放置到装配位置,返回初始位置,然后通知一号机器人;装配完成后,一号机器人将物料搬回原位置。要求完成硬件电路的规划与连接、运动路径规划、协同作业的示教编程、程序调试。

任务知识

一、硬件电路的规划

按照系统要求,规划一号机器人的 I/O 配置和二号机器人的 I/O 配置,分别如表 5-1 和表 5-2 所示。

表 5-1　一号机器人 I/O 配置

序号	I/O 端口	含义
1	X1.2	料仓准备好信号
2	X1.3	二号机器人将放料完成信号传递给一号机器人
3	Y1.0	夹爪气缸松开信号
4	Y1.1	一号机器人放料完成信号
5	Y1.2	电磁阀命令
6	Y1.3	一号机器人将开始装配信号发送给二号机器人

表 5-2　二号机器人 I/O 配置

序号	I/O 端口	含义
1	X1.2	料仓准备好信号
2	X2.3	一号机器人传递给二号机器人放料完成信号
3	Y1.0	夹爪气缸松开信号
4	Y2.1	二号机器人放料完成信号

硬件电路的连接示意图如图 5-11 所示。

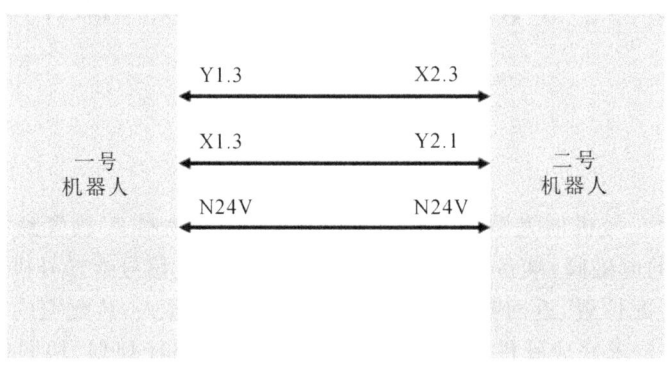

图 5-11　硬件电路的连接示意图

二、运动路径规划

一号机器人在料仓准备好之后，开始从料仓抓取物料 A 放置到装配平台，然后给二号机器人发送放料完成信号，其运动路径规划如图 5-12 所示。各个示教点的说明如表 5-3 所示。

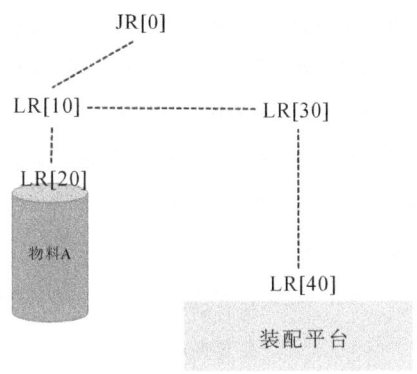

图 5-12　一号机器人运动路径规划

表 5-3　一号机器人示教点说明

序号	点位	含义
1	JR[0]	机器人起始安全位置
2	LR[10]	物料 A 上方的位置
3	LR[20]	物料 A 搬运位置
4	LR[30]	物料 A 放置位置上方位置
5	LR[40]	物料 A 放置位置

依据同样的方法,规划二号机器人的运动路径和示教点。

三、程序规划及子程序设计

在程序设计之前,需要完成程序布局的规划,做出工作流程图。如图 5-13 和图 5-14 所示分别为一号机器人和二号机器人的工作流程图。

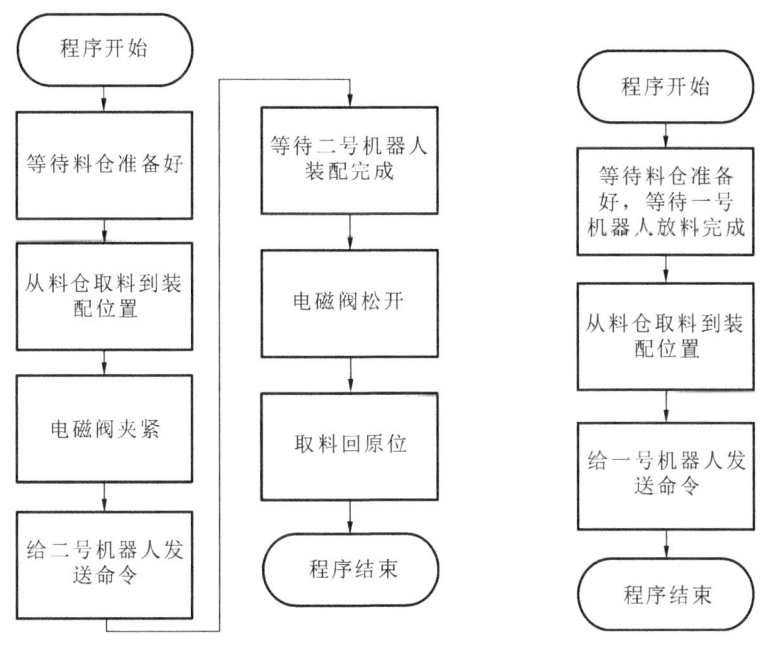

图 5-13　一号机器人工作流程图　　　　图 5-14　二号机器人工作流程图

从机器人的工作流程图可以看出,两个机器人都有送料过程,一号机器人的工作还包含取料过程。无论是取料过程还是送料过程,其工作流程都是相同的。只是起始位置、终止位置以及示教点的运动顺序不同,因此,可以考虑设计搬运子程序,通过传递参数的方式进行搬运。可先编写移动一个物料的子程序,调试完成后再进行各个机器人程序的编写与调试。设计 MOVEONE. LIC 子程序,其关键代码如下。

```
MOVE ROBOT LR[100]              '运动到取料点的上方
MOVES ROBOT LR[101]             '运动到取料点
DELAY 100                       '延时确认
D_OUT[9]= ON                    '夹紧夹爪,抓取物料
DELAY 100                       '确认抓紧
MOVES ROBOT LR[100]             '运动到取料点的上方
MOVES ROBOT LR[102]             '运动到放料点的上方
MOVES ROBOT LR[103]             '运动到放料点
DELAY 100                       '确认到位
D_OUT[9]= OFF                   '打开夹爪,松开物料
DELAY 100                       '确认松开到位
MOVES ROBOT LR[102]             '运动到放料点的上方
MOVE ROBOT LR[100]              '运动到开始位置
```

如果一号机器人将物料 A 从料仓搬到装配位置,调用该子程序的代码则可以写为:

```
LR[100]= LR[10]                 '取料点的上方
LR[101]= LR[20]                 '取料位置
LR[102]= LR[30]                 '放料位置上方
LR[103]= LR[40]                 '放料位置
CALL MOVEONE                    '调用子程序
```

四、程序设计

依据程序规划内容,最终完成程序的编写。

一号机器人的关键程序代码如下。

```
MOVE ROBOT JR[0]                '机器人运动到起始位置
CALL WAIT( D_IN[11],ON)         '等待料仓准备好
LR[100]= LR[10]
LR[101]= LR[20]
LR[102]= LR[30]
LR[103]= LR[40]
CALL MOVEONE                    '调用子程序取料到装配位置
MOVE ROBOT JR[0]                '运动机器人到安全位置
DELAY 100                       '确认到位
D_OUT[11]= ON                   '开启电磁阀,夹紧物料
DELAY 100                       '确认夹紧到位
CALL PULSE( D_OUT[12],5000)     '向一号机器人发送开始装配命令
D_OUT[11]= OFF                  '关闭电磁阀,松开物料
DELAY 100                       '确认松开到位
LR[100]= LR[40]
```

```
    LR[101]= LR[30]
    LR[102]= LR[20]
    LR[103]= LR[10]
    CALL MOVEONE                    '调用子程序,搬运物料到料仓起始位置
    MOVE ROBOT JR[0]                '回到安全位置
```

二号机器人的关键程序代码如下。

```
    MOVE ROBOT JR[0]                '运动机器人到起始位置
    CALL WAIT(D_IN[11],ON)          '等待料仓准备好
    CALL WAIT(D_IN[20,ON])          '等待一号机器人放料完成
    LR[100]= LR[10]
    LR[101]= LR[20]
    LR[102]= LR[30]
    LR[103]= LR[40]
    CALL MOVEONE                    '调用子程序取料到装配位置
    MOVE ROBOT JR[0]                '运动机器人到安全位置
    DELAY 100                       '确认到位
    CALL PULSE(D_OUT[18],5000)      '向一号机器人发送放料完成信号
```

五、硬件连接与示教调试

按硬件设计线路,完成硬件连接。输入程序,并按设计进行示教,检查程序,进行调试。

项目小结

工业机器人是智能制造中的一个设备,需要与其他设备进行通信以完成各种不同的工作任务。本项目首先介绍了工业互联中的通信技术,然后以一个实例介绍了两台机器人之间的协同作业。在此基础上继续扩展,可以实现工业机器人与外部设备之间的通信。

思考与练习

一、填空题

1. 国际上有_____种现场总线,但没有任何一种现场总线能覆盖所有的应用面,按其传输数据的大小可分为三类:_____,属于位传输;_____,属丁字节传输;_____,属于数据流传输。

2. RS-485 接口的最大传输距离标准值为_____,实际上可达_____。RS-232 接口在总线上只允许连接_____收发器,即具有单站能力。而 RS-485 接口在总线上允许连接多达_____收发器,即具有多站能力。这样用户可以利用单一的 RS-485 接口方便地建立起设备网络。

3. Modbus 协议是一种_____通信协议,采用主从式通信结构,即仅主设备能初始化传输(查询),从设备根据主设备查询提供的数据做出相应反应。典型的主设备为_____。典型的从设备为_____。

4. Profibus-DP 主要用于_____与分散外围设备之间的高速数据通信,完成自动控制系统(如 PLC、PC 等)通过高速串行总线与分散的现场设备(I/O、驱动器、阀门等)之间的通信任务。它允许高速度、周期性的_____数据通信,适用于对时间要求苛刻的自动化控制

系统。

5. Profinet 实时以太网是由 Profibus International(PI)组织提出的基于以太网的自动化标准。Profinet 能为紧要任务提供最低限度的性能保证服务,同时也能为非紧要任务提供服务。Profinet 支持三种通信方式:_____、_____、_____。

6. 华数 Ⅱ 型工业机器人电气控制系统主要由_____、示教器、_____、伺服驱动器等部分组成。华数 Ⅱ 型工业机器人采用的是_____通信技术。

二、编程题

设计一个左右装配系统。系统由三台机器人组成,一号机器人、二号机器人协同完成装配任务,三号机器人完成最后成品的抓取任务。设计要求如下:

(1)一号机器人将物料放置到装配区的左侧,向二号机器人发送开始装配命令。

(2)二号机器人将物料放置到装配位置并装配完成后,向三号机器人发送装配完成任务。

(3)三号机器人将物料抓取到料仓,完成一次循环。

三、实训题

在项目中添加 PLC 控制,实现对系统的 PLC 控制,当按下开始按钮 S1 时,系统开始;当按下停止按钮 S2 时,系统急停。

(1)设计相应的硬件电路示意图和功能顺序图。

(2)编写相应的程序,完成系统的连接与调试。

项目六 华数Ⅱ型工业机器人在智能制造中的应用

智能制造是具有信息自感知、自决策、自执行等功能的先进制造过程、系统与模式的总称。智能制造大体具有四大特征：以智能工厂为载体，以关键制造环节的智能化为核心，以端到端数据流为基础，以网络互联为支撑。其主要内容包括智能产品、智能生产、智能工厂、智能物流等。

在信息化大背景下，工业与信息化的融合，催生了新的工业发展形态。各国为此分别提出了新型工业化战略：德国提出工业4.0，美国提出先进制造业发展计划，日本提出工业价值链等。《中国制造2025》是我国实施制造强国战略第一个十年的行动纲领，明确了智能制造十大关键领域，并提出着力发展智能装备和智能产品，推进生产过程智能化；组织研发具有深度感知、智慧决策、自动执行功能的高档数控机床、工业机器人、增材制造装备等智能制造装备以及智能化生产线；研发新型传感器、智能测量仪表、工业控制系统、伺服电动机及驱动器和减速器等智能核心装置。

工业机器人是装备制造业实现智能制造的关键，甚至是核心装备。工业机器人将广泛应用于制造业的各个环节。本项目重点介绍工业机器人在制造业中的典型应用，并通过实例使学生了解华数Ⅱ型工业机器人在智能制造领域的应用。

知识目标

（1）了解智能制造系统的组成、主要特点。

（2）了解华数Ⅱ型工业机器人在智能制造类大赛中的应用。

能力目标

（1）熟练掌握华数Ⅱ型工业机器人程序编写与调试方法。

（2）熟练掌握华数Ⅱ型工业机器人外部变量及子程序的编写调试方法。

（3）掌握混流制造中机器人程序设计的方法。

（4）掌握示教编程的方法，能够完成复杂状况下机器人的示教编程。

情感目标

培养学生对工业机器人操作与编程的兴趣。

任务一 认识智能制造

任务说明

了解智能制造、数字化工厂、大数据技术及物联网技术的基本概念。

任务知识

一、智能制造概述

智能制造是基于新一代信息通信技术与先进制造技术深度融合,贯穿于设计、生产、管理、服务等制造活动的各个环节,具有自感知、自学习、自决策、自执行、自适应等功能的新型生产方式。工业和信息化部《智能制造发展规划》(2016—2020年)中,明确提出了2025年前,推进智能制造发展实施"两步走"战略:第一步,到2020年,智能制造发展基础和支撑能力明显增强,传统制造业重点领域基本实现数字化制造,有条件、有基础的重点产业智能转型取得明显进展;第二步,到2025年,智能制造支撑体系基本建立,重点产业初步实现智能转型。

智能制造作为广义的概念包含了五个方面:产品智能化、装备智能化、生产方式智能化、管理智能化和服务智能化。

1.产品智能化

产品智能化指把传感器、处理器、存储器、通信模块、传输系统融入各种产品,使得产品具备动态存储、感知和通信能力,实现产品可追溯、可识别、可定位。计算机、智能手机、智能电视、智能机器人、智能穿戴品都是物联网的"原住民",这些产品从生产出来就是网络终端。而传统的空调、冰箱、汽车、机床等都是物联网的"移民",未来这些产品都需要连接到网络世界。专家估计,到2020年这些物联网的"原住民"和"移民"加起来将超过500亿个,且这个进程将持续10年、20年甚至50年。

2.装备智能化

通过先进制造、信息处理、人工智能等技术的集成和融合,可以形成具有感知、分析、推理、决策、执行、自主学习及维护等自组织、自适应功能的智能生产系统,以及网络化、协同化的生产设施,这些都属于智能装备。在工业4.0时代,装备智能化的进程可以在两个维度上进行:单机智能化,以及单机设备互联而形成的智能生产线、智能车间、智能工厂。需要强调的是,单纯的研发和生产端的改造不是智能制造的全部,基于渠道和消费者洞察的前端改造也是重要的一环。二者相互结合、相辅相成,才能完成端到端的全链条智能制造改造。

3.生产方式智能化

个性化定制、极少量生产、服务型制造以及云制造等新业态、新模式,其本质是重组客户、供应商、销售商以及企业内部组织的关系,重构生产体系中信息流、产品流、资金流的运行模式,重建新的产业价值链、生态系统和竞争格局。工业时代,产品价值由企业定义,企业生产什么产品,用户就买什么产品,企业定价多少钱,用户就花多少钱——主动权完全掌握在企业手中。而智能制造能够实现个性化定制,不仅去掉了中间环节,还加快了商业流动,产品价值不再由企业定义,而是由用户定义——只有用户认可的,用户参与的,用户愿意分享的,用户不说差的产品,才具有市场价值。

4.管理智能化

纵向集成、横向集成和端到端集成的不断深入,企业数据的及时性、完整性、准确性不断提高,必然使管理更加准确、更加高效、更加科学。

5.服务智能化

智能服务是智能制造的核心内容,越来越多的制造企业已经意识到了从生产型制造向生产服务型制造转型的重要性。今后,将会实现线上与线下并行的O2O服务,两股力量在服务智能化方面相向而行,一股力量是传统制造业不断拓展服务,另一股力量是从消费互联网进入产业互联网,比如微信未来连接的不仅是人和人,还包括设备和设备、服务和服务、人和服务。个性化的研发设计、总集成、总承包等新服务产品的全生命周期管理,会伴随着生产方式的变革不断出现。

随着新一代信息技术和制造业的深度融合,我国智能制造发展取得了明显成效,以高档数控机床、工业机器人、智能仪器仪表为代表的关键技术装备取得积极进展;智能制造装备和先进工艺在重点行业不断普及,离散型行业制造装备的数字化、网络化、智能化步伐加快,流程型行业过程控制和制造执行系统全面普及,关键工艺流程数控化率大大提高;在典型行业不断探索,逐步形成了一些可复制推广的智能制造新模式,为深入推进智能制造初步奠定了基础。

二、数字化工厂

数字化工厂是智能制造的基础和前提,它允许在企业层面对产品从设计、研发、制造、测试、使用到收回(报废)等全生命周期进行统一管控,在生产管理层面对计划、数据、客户需求以及人力、设备、物料等资源进行过程管理,在具体的操作、控制和设备现场层面对整个物理层的运行状态进行监控和分析。数字化工厂可实现高度智能化、自动化、柔性化、定制化和集约化,使企业能够快速响应市场需求,实现价值最大化。数字化工厂实例如图 6-1 所示,其典型网络拓扑结构如图 6-2 所示。

图 6-1　数字化工厂实例

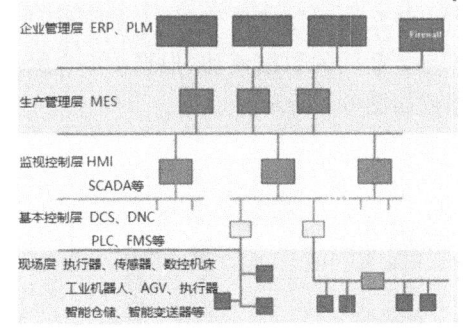

图 6-2　数字化工厂典型网络拓扑结构

1. 企业管理层

在企业管理层,主要有 ERP(enterprise resource planning)、PLM(product lifecycle management)等系统应用。ERP 主要负责企业资源计划管理,是企业管理的核心应用。如今 ERP 的含义已在 MRPⅡ的基础上进一步丰富,用于企业的各类管理软件都被纳入 ERP 范畴,主要包括供应链管理、销售与市场、分销、客户服务、财务管理、制造管理、库存管理、人力资源、报表、金融投资、质量管理、法规与标准等功能。

PLM 主要关注产品的全生命周期管理,是产品工程的核心应用。在产品全生命周期管理中,数字孪生(digital twin)模型很重要,它是对物理对象进行数字化建模,并将其呈现在虚拟空间中的一种技术手段,或者说是一种产品制造模式。与产品相关的原材料、设计、工艺、生产计划、制造执行、生产线规划、测试、维护等均可通过建立模型,实现全流程数字化、可视化(三维)和闭环管理,并不断发现和规避问题,优化整个产品系统。

2. 生产管理层

在生产管理层,最主要的应用是制造执行系统 MES(manufacturing execution system)。

MES 主要负责制造执行管理,是具体制造职能部门最核心的应用,也是连接企业管理层与生产现场的"数据交换机"。MES 能通过信息传递对从订单下达到产品完成的整个生产过程进行优化管理。MES 能够对工厂的实时事件及时做出反应与报告,并用当前的准确数据进行指导和处理。MES 会生成并分发生产计划,对现场的控制设备、生产设备、检测设备等各种设备的数据和产量等数据进行统计分析,并与生产计划协调。

3. 操作控制层

操作控制层主要由监视控制层、基本控制层及现场层组成,这三层构成了自动化集成系统。自动化集成系统处在智能工厂的最底层,通过工业网络自下而上跨越设备现场、中间控制和操作三个层面。设备现场就是用于生产的各类硬件设备,包括机床、机械臂(机器人)、运送车辆、检测设备、环境控制设备等,这也是智能制造中"最能看得见"的一层。中间控制一般通过 PLC、工控软件等对设备进行管控。操作指的是操作人员对整个物理层运行状态进行监控分析。现在的工厂中,设备与控制层往往被集成在一起,并没有明显的物理分割。

物理上分布于不同层次、不同类型的系统和设备通过网络连接在一起,并且信息/数据在不同层次、不同设备间传输,设备和系统能够一致地解析所传输信息/数据的类型甚至了解其含义。数字化工厂要求通过不同层次网络集成和互操作,打破原有的业务流程与过程控制流程脱节的局面,分布于各生产制造环节的系统不再是"信息孤岛",数据/信息交换要求从底层现场层向上贯穿至执行层甚至计划层网络,使得工厂能够实时监视现场的生产状况与设备信息,并根据获取的信息来优化生产调度与资源配置。

由于涉及协同制造单位(如上游零部件供应商、下游用户)的信息改变,需要用互联网实现企业与企业间的数据流动,根据图 6-2 所示的数字化工厂典型网络拓扑结构,工厂中可能的数据流如图 6-3 所示。

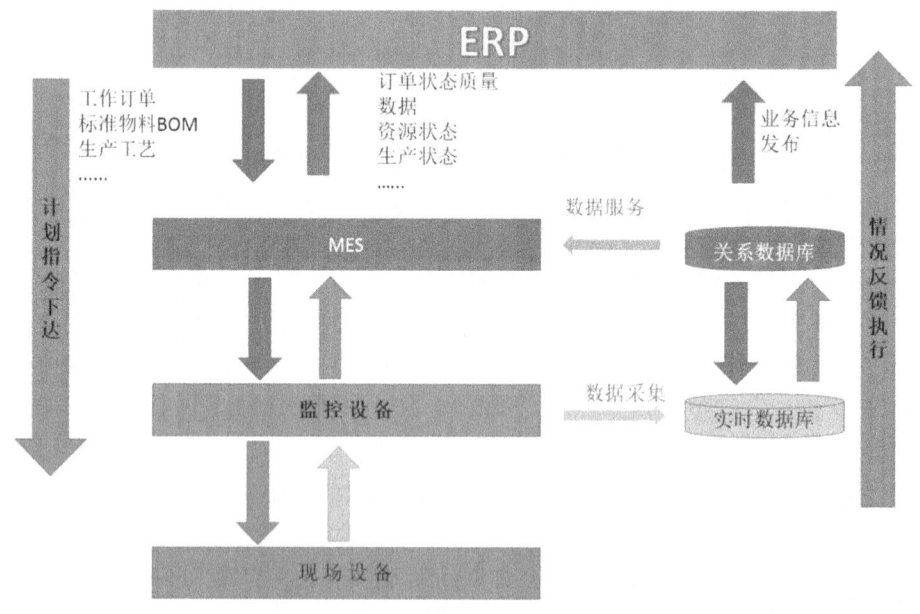

图 6-3 数字化工厂典型数据流图

现场设备与控制设备之间的数据流包括交换输入、输出数据,如控制设备向现场设备传送的设定值(输出数据),以及现场设备向控制设备传送的测量值(输入数据);控制设备读写访问现场设备的参数;现场设备向控制设备发送诊断信息和报警信息。

现场设备与监视设备之间的数据流包括监视设备采集现场设备的输入数据;监视设备读写访问现场设备的参数;现场设备向监视设备发送诊断信息和报警信息。

现场设备与 MES/ERP 之间的数据流包括现场设备向 MES/ERP 发送与生产运行相关的数据,如质量数据、库存数据、设备状态等;MES/ERP 向现场设备发送作业指令、参数配置等。

控制设备与监视设备之间的数据流包括监视设备从控制设备采集可视化所需要的数据;监视设备向控制设备发送控制和操作指令、参数设置等信息;控制设备向监视设备发送诊断信息和报警信息。

控制设备与 MES/ERP 之间的数据流包括 MES/ERP 将作业指令、参数配置、处方数据等发送给控制设备;控制设备向 MES/ERP 发送与生产运行相关的数据,如质量数据、库存数据、设备状态等;控制设备向 MES/ERP 发送诊断信息和报警信息。

监视设备与 MES/ERP 之间的数据流包括:MES/ERP 将作业指令、参数配置、处方数据等发送给监视设备;监视设备向 MES/ERP 发送与生产运行相关的数据,如质量数据、库存数据、设备状态等;监视设备向 MES/ERP 发送诊断信息和报警信息。

三、大数据技术

大数据指无法在一定时间内用常规软件工具对其内容进行抓取、管理和处理的数据集合。大数据技术指从各种各样类型的数据中,快速获得有价值的信息的技术,适用于大规模并行处理(MPP)数据库、分布式文件系统、分布式数据库、云计算平台、互联网和可扩展的存储系统。

数字化工厂每天产生的数据可以说是海量的,大数据技术是实现数字化工厂的核心技术,通过分析数据可预测需求、预测制造、避免和解决不可见问题的风险,利用数据整合产业链和价值链。大数据本身是没有价值的,对大数据进行挖掘分析,找到问题、解决问题、避免问题、优化流程才是大数据技术的意义所在,即围绕问题、数据与知识三要素,通过大数据分析提高生产系统层面的智能化程度,实现无忧虑生产环境。

1. 大数据技术的基本过程

1) 把问题变成数据

制造过程中的问题有可见问题和不可见问题。可见问题就是已经发生了、给制造过程带来不良影响的现象,比如设备故障停机、质量缺陷、效率下降等,这些问题在过去往往利用人的经验去判断和解决。通过信息物理系统(CPS)从制造 5M 要素,即材料(material)、装备(machine)、工艺(method)、测量(measurement)和维护(maintenance),获得反映问题发生过程和原因的数据,利用数据对问题进行分析和管理,知道如何做,解决可见问题。

2) 把数据变成知识(模型)

许多不可见问题往往经长期积累成为可见问题后才会被发现和解决,比如部件的磨损导致精度逐渐降低,最后导致产品不合格。大数据技术就是从数据中挖掘不可见问题的线索,知道为什么,从而预测、分析和解决不可见问题,有效避免可见问题。

3) 把知识再变成数据

深度挖掘知识,理解知识和问题之间的相关性,并产生新的知识,利用知识对整个生产流程精确建模,在产品设计和制造系统(流程)设计层面进行优化改进,从根本上解决、避免可见问题和不可见问题。

当上述三个过程可以实现自动循环的时候,生产系统就具备了自省、自预测和自我优化能力,即实现了智能制造。

大数据技术的作用不仅局限于此,它可以渗透到制造业的各个环节,如产品设计、原料采购、产品制造、仓储运输、订单处理、批发经营和终端零售。

2. 大数据技术的优点

1)大数据技术使产品设计更优化

借助大数据技术,可以对原物料的品质进行监控,发现潜在问题立即做出预警,以便能及早解决问题,从而维持产品品质。大数据技术还能监控加工设备并预测其故障概率,以便让工程师即时执行最适合的决策。大数据技术还能用于精准预测零件的生命周期,在需要更换的最佳时机提出建议,有助于实现品质成本双赢。例如,日本汽车公司 Honda 将大数据技术应用在电动车电池上。由于电动车不像汽车或油电混合车一样,可以使用汽油作为动力来源,其唯一的动力就是电池,因此 Honda 希望进一步了解电池在什么情况下绩效表现最好、使用寿命最长。Honda 公司利用大数据技术,搜集并分析车辆在行驶中的一些资讯,如道路状况、车主的开车行为、开车时的环境状态等。这些资讯一方面可以帮助汽车制造公司预测电池目前的寿命,以便及时提醒车主更换,另一方面也可以提供给研发部门,作为未来设计电池的参考。再如 BMW 公司应用大数据技术,在短短的 12 周时间内使零件报废率降低了 80%。一台汽车需要的零件很多,其中一个是与引擎结合的引擎上盖。以前,BMW 公司要等到最终引擎组装阶段,将引擎上盖组装完成后才知道这个零件能否使用,如果不能使用就只好将整个引擎报废。而通过大数据技术,BMW 公司在引擎生产线上可以做即时检测与分析,若品质没有问题则直接进入最后的组装程序,若零件品质不好且无法修补则直接报废,若零件品质不好但能经过其他方式修补,则在修补后再度进行品管测试,借此提高生产效率并降低零件报废率。

2)大数据技术使原料采购更加科学

大数据技术可以从数据分析中获得知识并推测趋势,可以对企业的原料采购供求信息进行更大范围的归并、匹配,效率更高。大数据技术通过高度整合的方式,将相对独立的企业各部门信息汇集起来,打破了原有的信息壁垒,实现了集约化管理,可以根据轻重缓急,更加科学合理地安排企业的财政支出。其次,利用大数据技术的海量存储与快速数据处理功能,可以对采购的原料的附带属性(节能、节水、环保等)进行更加精细化的描述与标准认证,通过分类标签与关联分析,可以更好地评估企业采购资金的支出效果。此外,大数据技术能预测原料的价格以及原料的品质。这使制造业企业更加科学地采购原料成为可能,企业可以采购到质优价低的原料。

3)大数据技术使得订单处理方式有了质的变化

大数据技术的核心作用在于预测。大数据技术可以快速精准地预测市场趋势和客户需求,并对客户进行细分,为其提供量身定制的合适服务。企业通过大数据技术的预测结果,便可以得到潜在订单的数量,然后直接进入产品的设计和制造以及后续环节,即企业可以通过大数据技术,在客户下单之前进行订单处理。而传统企业通过市场调研与分析,得到粗略的客户需求量,然后开始生产加工产品,等到客户下单后,才开始进行订单处理,这大大延长了产品的生产周期。如海尔集团于 2013 年 1 月构建了 SCRM(社交化客户关系管理)会员大数据平台,销售人员可据此进行大数据分析,精准预测个体消费者的需求,实现了在客户下单之前进行订单处理。

当今,世界各国始终致力于以技术创新引领产业升级,而大数据技术的应用使得资源节约、环境友好、可持续、智能化、绿色化的发展趋势得以实现。因此,大数据技术背景下的制造业领域具备广阔的市场空间和前景,这是制造业企业的莫大机遇。

四、物联网技术

物联网的概念是在 1999 年提出的,它的含义很简单:把所有物品通过射频识别等信息传感设备与互联网连接起来,实现智能化识别和管理。具体来说.物联网就是通过射频识别(RFID)、红外感应器、全球定位系统、激光扫描器等信息传感设备,按约定的协议,把任何物品与互联网连接起来,进行信息交换和通信,以实现智能化识别、定位、跟踪、监控和管理的一种网络。

1. 物联网的特征

物联网具有三个方面的重要特征。

1) 互联网特征

物联网是解决物与物、人与物之间通信的网络形态,它是在互联网基础之上延伸和扩展的一种网络,尽管终端多样化,但其基础和核心仍然是互联网。

2) 识别与通信特征

纳入物联网的"物"一定要具备自动识别与物物通信(M2M)的功能:通过在各种物体上植入微型感应芯片,使任何物品都可以变得"有感受、有知觉"。物联网的这一功能是互联网所不具备的,它主要依靠射频识别技术来实现。

3) 智能化特征

物联网的网络系统应具有自动化、自我反馈与智能控制的特征。

2. 物联网的层次结构

通常将物联网系统划分为三个层次——感知层、网络层、应用层,如图 6-4 所示。

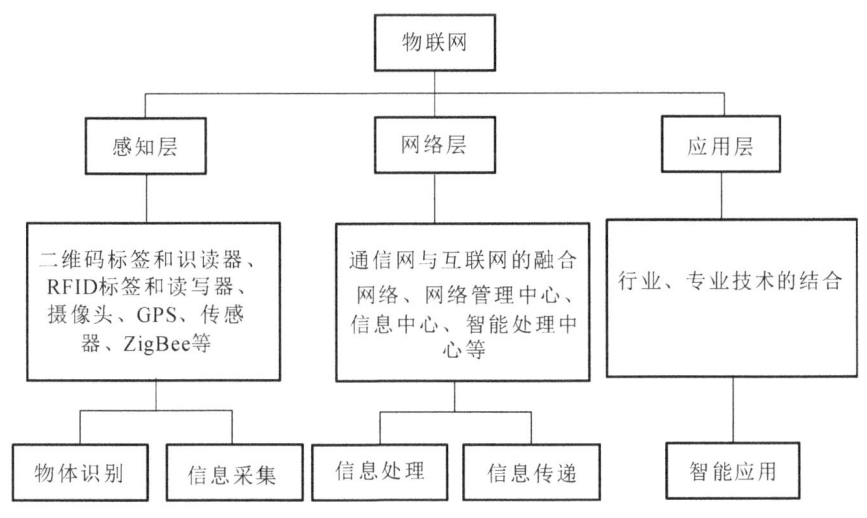

图 6-4　物联网的层次结构

感知层的主要功能是全面感知,即利用 RFID 标签和读写器、传感器、二维码标签和识读器等随时随地获取物体的信息。RFID 技术、传感和控制技术、短距离无线通信技术是感知层涉及的主要技术,其中包括芯片研发、通信协议研究、RFID 材料、智能节点供电等细分领域。

网络层的主要功能是实现感知数据和控制信息的双向传递,通过各种电信网络与互联网的融合,将物体的信息实时准确地传递出去。物联网通过各种接入设备与移动通信网和互联网相连,如手机付费系统中由刷卡设备将内置于手机的 RFID 信息采集并上传到互联网,网络层完成后台鉴权认证并从银行网络划账。网络层还具有信息存储查询、网络管理等功能。

应用层主要利用经过分析处理的感知数据,为用户提供丰富的特定服务。云计算平台作为海量感知数据的存储、分析平台,既是物联网网络层的重要组成部分,也是应用层众多应用的基础。物联网的应用可分为监控型(物流监控、污染监控)、查询型(智能检索、远程抄表)、控制型(智能交通、智能家居、路灯控制)、扫描型(手机钱包、高速公路不停车收费)等不同类型。应用层是物联网发展的目的,软件开发、智能控制技术将为用户提供丰富多彩的物联网应用。

3. RFID 技术在物联网中的应用

RFID 技术是物联网的核心技术之一。在物联网的构想中,RFID 标签中存储着规范且具有互用性的信息,通过无线数据通信网络把它们自动采集到中央信息系统,实现物品(商品)的识别,进而通过开放性的计算机网络实现信息交换和共享,实现对物品的"透明"管理。

RFID 标签由芯片和天线组成,每个标签具有唯一的产品电子码。RFID 系统可以在无线电收发器与传感器收发器(含有标签,又称 RFID 收发器)之间传送数据。RFID 系统的工作原理示意图如图 6-5 所示。

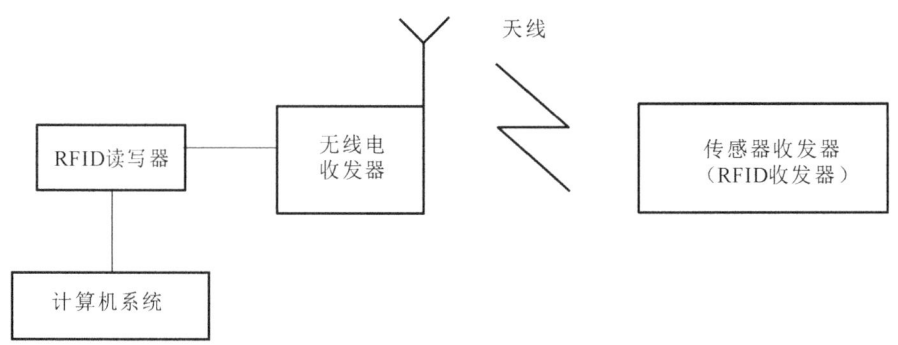

图 6-5 RFID 系统的工作原理示意图

RFID 系统工作时,先由 RFID 读写器通过天线发送一定频率的射频信号,当 RFID 标签进入 RFID 读写器的工作区域时,其天线产生感应电流,从而使 RFID 标签获得能量被激活并向 RFID 读写器发送自身编码等信息。对于无源系统,RFID 读写器通过耦合元件(无线电收发器)发送出一定频率的射频信号,当 RFID 标签进入该区域时通过耦合元件从中获得能量以驱动后级芯片与 RFID 读写器进行通信。RFID 读写器读取 RFID 标签的自身编码等信息,解码后送至数据交换、管理系统(计算机系统)处理。而对于有源系统,RFID 标签进入 RFID 读写器工作区域后,自身内嵌的电池为后级芯片供电以完成与 RFID 读写器间的相应通信过程。

任务二　华数Ⅱ型工业机器人在智能制造类大赛中的应用

任务说明

智能制造类大赛以"中国制造 2025"为背景,将数控加工设备、工业机器人、产品检测设备、数据信息采集设备等典型加工制造设备集成为智能制造单元"硬件"系统,结合智能化控制技术、高效加工技术、工业物联网技术、RFID 技术等"软件",考查参赛选手的综合应用能力和协同能力。该类赛事主要有"西门子杯"中国智能制造挑战赛(原全国大学生"西门子杯"工业自动化挑战赛),是教育部、西门子(中国)有限公司和中国系统仿真学会联合主办的国家 A 类赛事;由人力资源和社会保障部、中华全国总工会、中国机械工业联合会举办的全国智能制造应用技术技能大赛,该比赛同样属于 A 类赛事;由金砖国家工商理事会主办的金砖国家技能发展与技术创新大赛等。

本项目主要介绍华数Ⅱ型工业机器人在智能制造类大赛中的应用。

任务知识

一、华数Ⅱ型工业机器人程序文件构成

华数Ⅱ型工业机器人控制系统中的程序文件有 PRG 文件和 LIB 文件两种。其中 PRG 文件为主程序文件,通常是为了完成某一特定任务而编写的,又可称为主程序。LIB 文件为子程序文件,包含某一特定功能模块,主要用来被主程序调用。

1. 主程序文件

主程序文件的框架如图 6-6 所示。主程序文件的基本信息包含程序名、注释语句、程序指令。主程序文件的代码包含在 PROGRAM 和 END PROGRAM 指令之间。

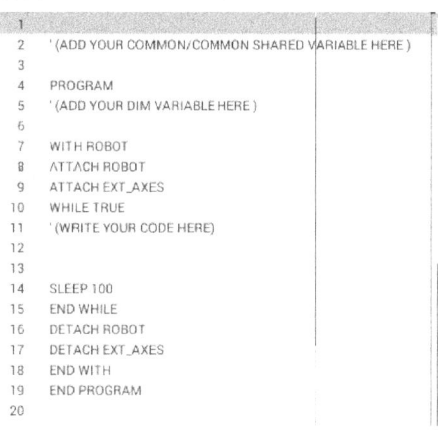

图 6-6　主程序文件的框架

1)程序名

程序名指程序在控制器内存中存储的文件名,在同一个目录下不能包含相同程序名的程序。程序名长度不超过 7 个字符,由字母、数字、下划线组成。较好的命名习惯,可以有效提高设备的可维护性。

2）注释语句

注释作为一种被编译程序所忽略的说明性文字，往往会被初学编程的人员忽视。他们认为它对于程序的功能没有任何作用，不加并没有坏处，所以往往很少使用注释。但这种看法是完全错误的。以"'"字符开头开始创建注释。工业机器人编程中，添加必要的注释一方面可以提醒修改程序的人谨慎操作，另一方面也可以使维护人员清楚程序的含义。

3）程序指令

程序指令包含运动指令、条件指令、流程指令、程序控制指令、延时指令、循环指令、I/O指令、寄存器指令等。

2. 子程序文件

子程序文件的框架如图 6-7 所示，由 SUB［子程序名］…END SUB 定义。子程序文件的文件名要与子程序名相同，且每个子程序文件仅能定义一个子程序。图 6-7 中，子程序名称为"BBB"。

图 6-7　子程序文件的框架

3. 信号交互控制指令

1）数字量输入指令

机器人的数字量输入指令用于获取外围 PLC 单元或者传感器的开关量信号。当有信号传入时，相应的端口置位为 1（或 ON）。可以通过 D_IN[i]获取第 i 个端口的状态。

2）数字量输出指令

机器人的数字量输出指令用于对机器人控制的外围设备发送置位（或 ON）或者复位（或 OFF）信号。其指令格式为

```
D_OUT[i]= ON/OFF
```

其中：i 为数字量输出端口号。

3）WAIT 指令

该指令用来等待某一指定的输入或输出的状态等于设定值。若指定的输入或输出的状态不满足，程序会一直阻塞在该指令行，直到满足为止。WAIT 指令需要使用 CALL 指令来调用。其指令格式为

```
CALL WAIT(D_IN[i]/D_OUT[i],ON/OFF)
```

指令的第一个参数为 I/O 口，第二个参数为该 I/O 口期望的状态值。

4）PULSE 指令

PULSE 指令的作用是生成一个固定时间长度的 I/O 脉冲。其指令格式为

```
CALL PULSE(D_IN[i]/D_OUT[i],time)
```

该指令的第一个参数为 I/O 口，第二个参数为脉冲的时间。

程序示例：

```
D_OUT[1]= OFF
CALL PULSE(D_OUT[1],500)
```

该段程序首先将 D_OUT[1]复位,接着调用 PULSE 指令。此时 PULSE 指令会将 D_OUT[1]的状态置为 ON,并且保持 500 ms,然后将 D_OUT[1]的状态置为 OFF。

5) DELAY 指令

DELAY 指令用来延时机器人的运动,最小延时时间为 2 ms。其指令格式为

```
DELAY ROBOT time
```

在华数Ⅱ型工业机器人控制系统中,运动指令与逻辑指令的执行会存在某种意义上的超前执行行为。如下面的语句序列:

```
MOVE ROBOT P1
MOVE ROBOT P2
D_OUT[10]= ON
MOVE ROBOT P3
D_OUT[10]= OFF
```

该段语句序列的执行过程如下:

① 执行 MOVE ROBOT P1 运动指令,机器人从当前点向 P1 运动;

② 执行 MOVE ROBOT P2 运动指令,机器人从 P1 向 P2 运动;

③ 当②开始执行时(机器人处于 P1,准备向 P2 运动),D_OUT[10]输出 ON;

④ 直到②执行完成(机器人运动到 P2),系统开始执行 MOVE ROBOT P3 运动指令,机器人从 P2 向 P3 移动;

⑤ 当 MOVE ROBOT P3 开始执行时,D_OUT[10]输出 OFF;

⑥ 直到④执行完成(机器人运动到 P3),程序运行完成,结束。

华数Ⅱ型工业机器人系统中运动指令的执行并不能阻塞逻辑指令的执行,只能阻塞运动指令的执行。也就是说,在运动指令后接着执行逻辑指令时会出现超前执行的情况。如上例所示,MOVE ROBOT P2 会等到 MOVE ROBOT P1 执行完成后才执行,但是在 MOVE ROBOT P2 开始执行时,其后的 D_OUT[10]=ON 同时开始执行;当 D_OUT[10]=ON 执行完后,由于 MOVE ROBOT P2 刚开始执行,而后续程序为运动指令 MOVE ROBOT P3,所以,此时程序会阻塞在该行,直到 MOVE ROBOT P2 执行完毕,机器人到达 P2 后,才开始执行 MOVE ROBOT P3。

为了解决超前执行问题,通常需要在运动指令与逻辑指令之间插入 DELAY 指令,用于暂停机器人的运动,使机器人运动结束之后再执行逻辑指令。

6) SLEEP 指令

SLEEP 指令的作用是延时程序(任务)的执行,最短延时时间为 1 ms。其指令格式为

```
SLEEP time
```

二、华数智能制造单元平台简介

如图 6-8 所示是 2018 年"一带一路"暨金砖国家技能发展与技术创新大赛中使用的华数智能制造单元平台示意图。该平台由工业机器人 HSR-JR612(含第七轴)、加工中心(含在线检测)、数字化立体料仓、RFID 物料识别系统、智能产线总控及采集优化系统、云数控系统等部分组成。

1. 加工中心(含在线检测)

加工中心作为整个生产线的中心,以工件加工工序为核心,以在线检测系统检测结果为导向,以刀加工程序为基础衔接机器人上下料及智能产线总控及采集优化系统的订单下发。

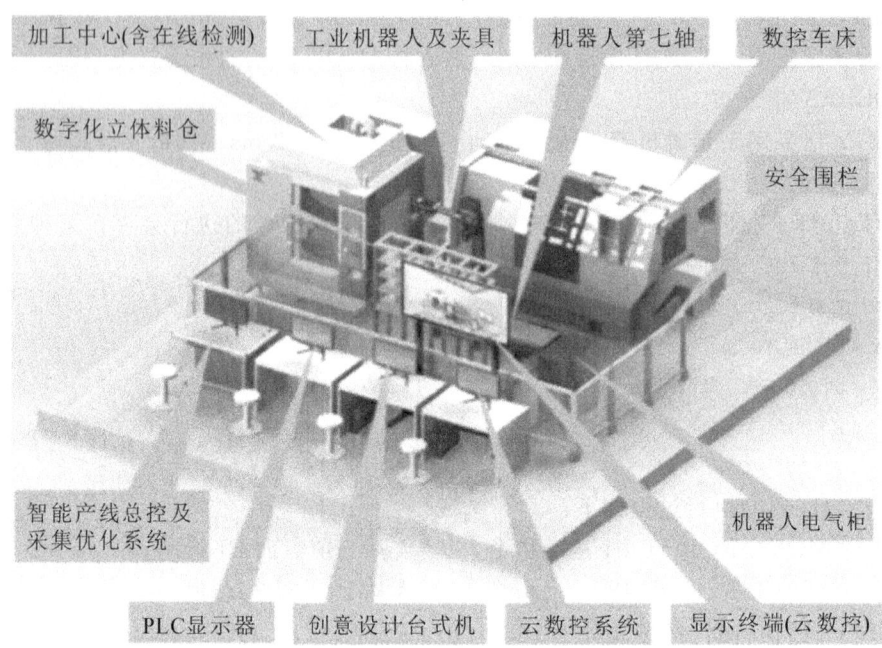

图 6-8　华数智能制造单元平台示意图

2. 数字化立体料仓

数字化立体料仓如图 6-9 所示。数字化立体料仓设置 4 层 4 列,每个仓位设有仓位传感器,每个托盘配备 RFID 标签,通过读取 RFID 标签信息将物料信息传送至智能产线总控及采集优化系统,实现数字化立体料仓的数字化管理。

图 6-9　数字化立体料仓

3. 工业机器人 HSR-JR612(含第七轴)

为了提高机器人利用率,在机器人原有六个轴基础上增加一个可移动的第七轴,使机器人能够适应多工位、多机台、大跨度的复杂工作场所,如图 6-10 所示。

图 6-10　工业机器人 HSR-JR612(含第七轴)

4. 机器人末端手爪

机器人末端手爪为气动手爪,角度为 $90°$,如图 6-11 所示。其中 RFID 读写器安装于手爪侧面,随机器人运动。每个手爪都有夹紧与松开到位检测信号。

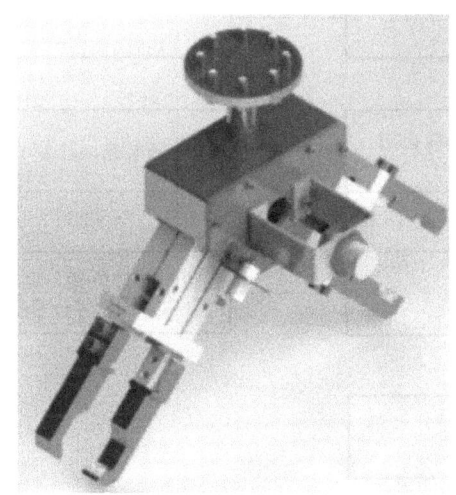

图 6-11　机器人末端手爪

5. 智能产线总控及采集优化系统

智能产线总控及采集优化系统是该平台"大数据"的核心层,主要负责产线设备数据采集(各个设备状态、I/O 状态、生产数据等)、状态显示、产线监控、RFID 读写控制、数控文件传输、检测设备检测交互等,并将数据上传至云数控系统,再由云数控系统上传至数据库,实时获知每台机床当前加工的工件和工件生产数量等信息。

6. 云数控系统

云数控系统实现大数据同步并上传至云端数据库、加工中心状态监控、数控文件的派发等。

三、料仓初始化功能设计

要求对 $4×4$ 数字化料仓进行顺次初始化。交互对象为总控 PLC。总控 PLC 在接收到上位机发送的初始化料仓信号后,向机器人发送初始化料仓命令,机器人反馈至总控 PLC,开始初始化料仓。通信信号如表 6-1 所示。

表 6-1　通信信号

序号	信号	含义
1	IR[12]=19	机器人请求总控 PLC 初始化料仓信息
2	IR[10]=19	总控 PLC 应答机器人料仓初始化完成
3	D_OUT[29]=ON	机器人响应总控 PLC 发送的开始料仓初始化信息
4	D_IN[29]=ON	总控 PLC 向机器人发送开始初始化料仓信息
5	D_OUT[30]=ON	机器人向总控 PLC 发送料仓初始化完成信息
6	D_IN[30]=ON	总控 PLC 应答机器人料仓初始化完成信息

依据通信信号,设计如图 6-12 所示的料仓初始化步骤示意图。

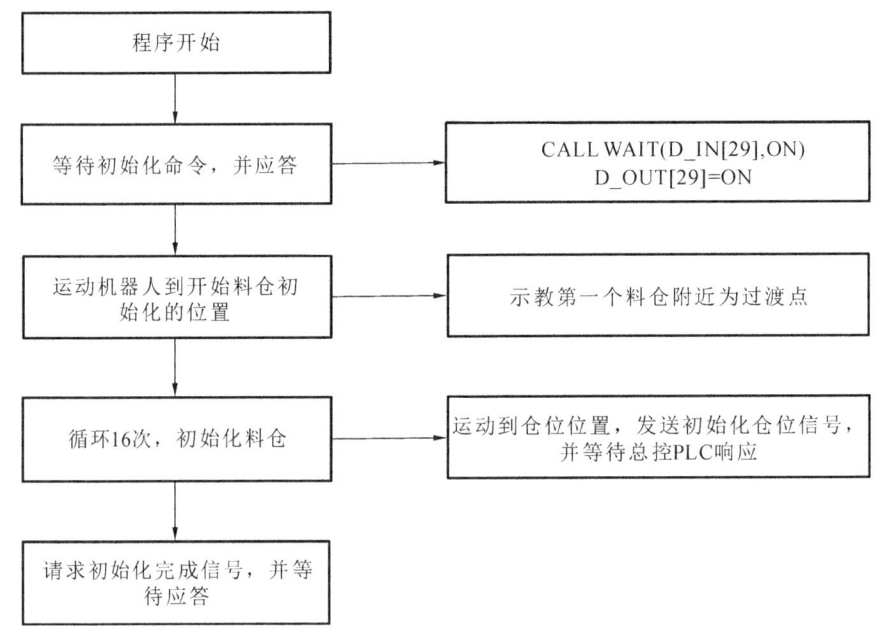

图 6-12　料仓初始化步骤示意图

依据步骤示意图设计如下程序。

```
CALL WAIT(D_IN[29],ON)              '等待总控 PLC 发送料仓初始化命令
D_OUT[29]= ON                       '响应总控 PLC 发送的料仓初始化命令
CALL WAIT(D_IN[29],OFF)             '等待机器人响应
D_OUT[29]= OFF                      '关闭料仓初始化信号,开始料仓初始化
MOVE EXT_AXES   ER[1]               '运动机器人到开始初始化的位置
DELAY EXT_AXES 100
MOVE ROBOT   JR[10]
MOVE ROBOT   JR[11]
IR[15]= 1                           '循环变量初始化为 1
WHILE IR[15]< 17                    '循环 16 次
IR[40]= IR[15]- 1                   '计算每个仓位相对于第一个仓位的增量
IR[40]= IR[40] MOD 4
IR[50]= IR[15]- 1
```

```
IR[50]= IR[50]/4
LR[11]= LR[101]+ IR[40]* LR[100]+ IR[50]*          '计算实际需要运动到的位置,并运动到
        LR[104]+ LR[5]                               初始化的位置
LR[12]= LR[101]+ IR[40]* LR[100]+ IR[50]* LR[104]
MOVES ROBOT    LR[11]
MOVES ROBOT    LR[12]
DELAY ROBOT 1000
IR[12]= 19                                          '机器人请求初始化仓位
                                                   '这里设置3个标签,主要用于循环等待接
                                                    收总控PLC对仓位初始化的响应,如果响
                                                    应成功了,则表明信号通信完成,循环变
                                                    量加1,继续下一个仓位的初始化任务
LABEL1:
SLEEP 1000
IF IR[10]= 19 THEN
IR[12]= 0
LABEL3:
SLEEP 1000
IF IR[10]= 0 THEN
GOTO   LABEL2
ELSE
GOTO   LABEL3
SLEEP 1000
END IF
ELSE
GOTO LABEL1
SLEEP 1000
END IF
LABEL2:
MOVES ROBOT    LR[11]
IR[15]= IR[15]+ 1
SLEEP 1000
END WHILE                                          '结束循环
IR[12]= 0                                           '清除寄存器的值
MOVES ROBOT    LR[12]                               '退回机器人
DELAY ROBOT 100
D_OUT[30]= ON                                       '发送料仓初始化信息
CALL WAIT( D_IN[30],ON)                             '等待反馈
D_OUT[30]= OFF                                      '清除料仓初始化信息
CALL WAIT( D_IN[30],OFF)                            '等待反馈
MOVE ROBOT    JR[11]                                '返回安全位置
MOVE ROBOT    JR[10]
```

任务三　工业机器人上下料程序设计

任务说明

智能制造单元中,工业机器人的功能中最为重要的一项是完成机床的上下料。上下料的要求是当机床没有物料在加工及机床空闲的时候,工业机器人可以上料;当机床加工完成后,工业机器人需要将物料从机床取下,放回料仓。本任务重点完成工业机器人上下料程序的设计。

任务知识

竞赛平台包含了车床和加工中心两个机床,工业机器人安装了第七轴,能够为两台机床服务。由于工业机器人与车床之间的交互和工业机器人与加工中心之间的交互是类似的,因此,这里只以工业机器与车床之间的交互为例进行分析。

一、交互关系

如图 6-13 所示为工业机器人给车床上料过程的示意图。

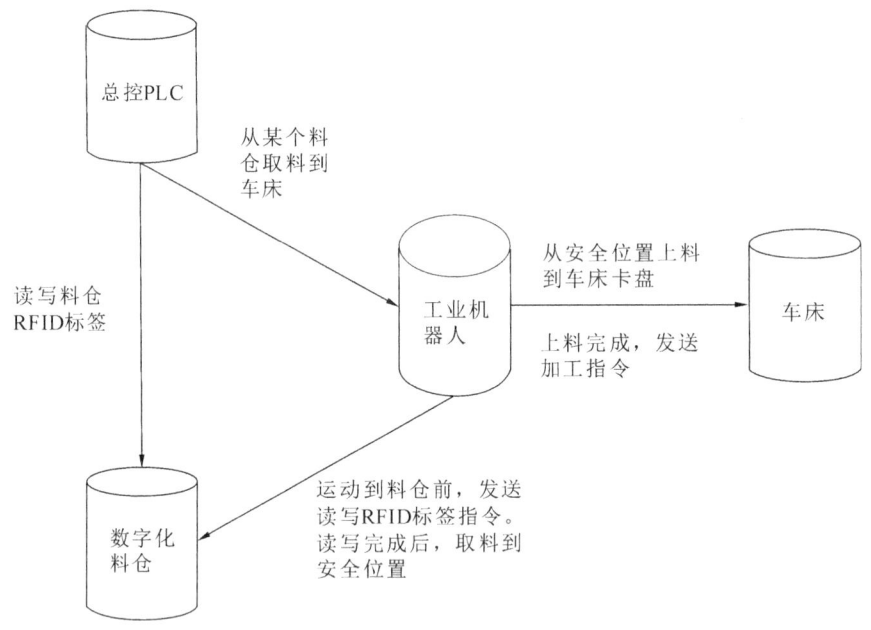

图 6-13　上料过程示意图

工业机器人接收总控 PLC 发送的车床上料指令,该指令同时包含料仓位置,即上位机告诉总控 PLC 机器人应该将哪个料仓的物料放入车床进行加工。

工业机器人接收到指令后,会查询车床状态。如果当前车床空闲,可以上料,则从料仓位置取料到安全位置(一般会选择车床和机器人之间某处为安全位置,示教并保存)。

取料完成后,请求车床卡盘松开;当卡盘完全松开后,进行放料。

当到达放料位置后,请求车床卡盘夹紧;当卡盘夹紧到位后,松开卡爪,机器人退出车床到安全位置。然后发送加工指令,车床开始加工物料。

二、工业机器人上料过程与车床的信号交互

工业机器人与车床之间的信号如表 6-2 所示。

表 6-2 工业机器人与车床之间的信号

序号	信号	含义
1	D_IN[33]=ON	机器人可以对车床上料
2	D_OUT[33]=ON	机器人对车床上料完成
3	D_IN[39]=ON	车床对机器人上料完成的应答
4	D_IN[34]=ON	车床加工完成,机器人可从车床取料
5	D_OUT[34]=ON	机器人从车床取料完成
6	D_OUT[35]=ON	机器人请求车床卡盘松开
7	D_IN[35]=ON	车床卡盘松开到位
8	D_OUT[36]=ON	机器人请求车床卡盘夹紧
9	D_IN[36]=ON	车床卡盘夹紧到位
10	D_OUT[2]=ON D_OUT[3]=OFF	卡爪夹紧信号
11	D_OUT[2]=OFF D_OUT[3]=ON	卡爪松开信号
12	D_IN[2]=ON	卡爪夹紧到位信号
13	D_IN[3]=ON	卡爪松开到位信号

工业机器人与车床之间的信号交互如图 6-14 所示。

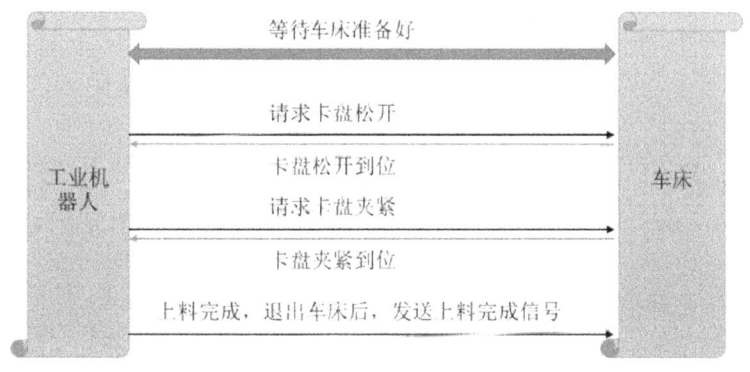

图 6-14 工业机器人与车床之间的信号交互

从图 6-14 中可以看出,机器人与车床在上料过程要交互四次,分别如下:

(1) 机器人不停查询车床是否空闲,是否可以上料。当车床反馈可以上料时,机器人查询到 D_IN[33]=ON,则开始从安全位置向车床的卡盘运动。

(2) 当机器人运动到卡盘附近时,请求卡盘松开(D_OUT[35]=ON),然后等待松开到位;当卡盘松开到位(D_IN[35]=ON)时,机器人运动到装夹位置。

（3）当机器人运动到装夹位置时，请求卡盘夹紧（D_OUT[36]＝ON），然后等待夹紧到位；当卡盘夹紧到位时（D_IN[36]＝ON），机器人松开卡爪，退出车床。

（4）机器人运动安全位置后，发送上料完成信号（D_OUT[33]＝ON），车床开始加工物料。

依据以上分析，可以写出车床上料程序，示例如下。

```
CALL WAIT(D_IN[33],ON)          '等待车床可以上料信号

MOVE EXT_AXES   ER[2]           '运动到车床卡盘附近的某个安全位置

DELAY EXT_AXES 100

MOVE ROBOT   JR[20]

MOVE ROBOT   JR[21]

MOVES ROBOT   LR[20]

DELAY ROBOT 100

D_OUT[35]＝ON                   '发送请求车床卡盘松开信号并等待反馈，收到反馈
                                信号后，要清除命令信号

CALL WAIT(D_IN[35],ON)

D_OUT[35]＝OFF

MOVES ROBOT   LR[21]            '运动到装夹位置

DELAY ROBOT 100

D_OUT[36]＝ON                   '请求车床卡盘夹紧并等待反馈，收到反馈信号后，
                                要清除命令信号

CALL WAIT(D_IN[36],ON)

D_OUT[36]＝OFF

SLEEP 3000

D_OUT[2]＝OFF                   '机器人卡爪松开，并等待到位信号

D_OUT[3]＝ON

CALL WAIT(D_IN[3],ON)          '运动机器人到开始上料之前的安全位置

DELAY ROBOT 100

MOVES ROBOT   LR[20]

MOVE ROBOT   JR[21]

MOVE ROBOT   JR[20]

MOVE ROBOT   JR[10]

DELAY ROBOT 100

D_OUT[33]＝ON                   '发送机器人对车床上料完成信号，并等待应答，然
                                后清除命令信号

CALL WAIT(D_IN[39],ON)

D_OUT[33]＝OFF
```

下料过程与上料过程类似，主要考虑先要卡爪夹紧物料，并要在收到机器人卡爪夹紧到位信号后，才能发送请求车床卡盘松开信号。如果这个过程信号写错了，容易出现物料掉落的问题。

而加工中心的上料和下料相较于车床要简单一些，二者的区别在于车床要考虑工件掉落的问题，而加工中心不需要考虑这些。因此对加工中心上料，可以设计为先请求加工中心卡盘松开，机器人直接将工件放到装夹位置，然后机器人松开卡爪，退出加工中心，最后发送卡盘夹紧信号和下料完成信号。

项目小结

工业机器人是装备制造业实现智能制造的关键,甚至是核心装备。工业机器人将广泛应用于制造业的各个环节。本项目首先介绍了智能制造、数字化工厂、大数据技术及物联网技术的基本概念,然后介绍了华数Ⅱ型工业机器人在智能制造类大赛中的应用。要求学生能熟练掌握信号之间的交互技术。

思考与练习

一、填空题

1.智能制造是具有信息_____、_____、_____等功能的先进制造_____、_____与_____的总称。智能制造大体具有四大特征:以智能工厂为载体,以关键制造环节的_____为核心,以_____为基础,_____为支撑。

2.智能制造作为广义的概念包含了五个方面:_____、_____、_____、_____和服务智能化。

3.在企业管理层,主要有_____和_____两类系统应用。_____主要负责企业资源计划管理,是企业管理的核心应用。_____主要关注产品的全生命周期管理,是产品工程的核心应用。

4.大数据指无法在一定时间内用常规软件工具对其内容进行_____、_____和_____的数据集合,适用于大规模并行处理(MPP)数据库、分布式文件系统、分布式数据库、_____、_____和可扩展的存储系统。

5.物联网具有三个方面的重要特征:_____、_____和_____。

二、编程题

在图 6-8 所示的华数智能制造单元平台上完成以下编程任务:

(1) 设计车床上料的信号表,并依据信号表完成车床上料的子程序设计。

(2) 设计车床下料的信号表,并依据信号表完成车床下料的子程序设计。

(3) 设计加工中心上料的信号表,并依据信号表完成加工中心上料的子程序设计。

(4) 设计加工中心下料的信号表,并依据信号表完成加工中心下料的子程序设计。

(5) 料仓的位置均有物料。1～8 号仓位为 A 物料,9～16 号仓位为 B 物料。A 物料需先在车床加工,后在加工中心加工;B 物料需先在加工中心加工,后在车床加工。设计信号表,设计主程序,并要求调用(1)～(4)所设计的子程序完成。

三、实训题

1.完成任务三中的机器人下料程序设计。

2.编程实训

(1) 设计铣床与机器人通信的信号表。

(2) 完成机器人为铣床上料的程序设计并进行调试。

(3) 完成机器人为铣床下料的程序设计并进行调试。

参 考 文 献

［1］ 邢美峰.工业机器人操作与编程［M］.北京:电子工业出版社,2016.

［2］ 叶晖.工业机器人典型应用案例解析［M］.北京:机械工业出版社,2013.

［3］ 郝巧梅,刘怀兰.工业机器人技术［M］.北京:电子工业出版社,2016.

［4］ 汪励,陈小艳.工业机器人工作站系统集成［M］.北京:机械工业出版社,2014.

［5］ 熊有伦.机器人技术基础［M］.武汉:华中科技大学出版社,1996.

［6］ 兰虎.焊接机器人编程及应用［M］.北京:机械工业出版社,2017.

［7］ 佘明洪,余永洪.工业机器人操作与编程［M］.北京:机械工业出版社,2017.

［8］ 国家数控系统工程技术研究中心,重庆华数机器人股份有限公司.HSR-JR612-CⅡ型工业机器人用户说明书,2017.

［9］ 国家数控系统工程技术研究中心,重庆华数机器人股份有限公司.HSPad使用说明书,2017.

［10］ 国家数控系统工程技术研究中心,重庆华数机器人股份有限公司.华数Ⅱ型工业机器人编程手册,2017.